W0257479

VERSTÄNDLICHE WISSENSCHAFT

DREIUNDVIERZIGSTER BAND

DIE WISSENSCHAFT VON DEN STERNEN

VON

W. KRUSE

Springer-Verlag Berlin Heidelberg GmbH

1954

DIE WISSENSCHAFT VON DEN STERNEN

EIN ÜBERBLICK ÜBER FORSCHUNGSMETHODEN
UND -ERGEBNISSE DER FIXSTERNASTRONOMIE

VON

PROFESSOR DR. W. KRUSE

WEIL. OBSERVATOR DER STERNWARTE HAMBURG-BERGEDORF

ZWEITE VERBESSERTE AUFLAGE

BEARBEITET VON

DR. W. DIECKVOSS

ASSISTENT AN DER STERNWARTE HAMBURG-BERGEDORF

6.–11. TAUSEND

MIT 106 ABBILDUNGEN

Springer-Verlag Berlin Heidelberg GmbH

1954

Herausgeber der Naturwissenschaftlichen Abteilung:
Prof. Dr. Karl v. Frisch, München

ISBN 978-3-642-86401-8   ISBN 978-3-642-86400-1 (eBooK)
DOI: 10.1007/978-3-642-86400-1

Vorwort zur zweiten Auflage

Die erste Auflage des vorliegenden Werkes ist seit längerer Zeit
vergriffen. Der Verfasser hatte noch während des Krieges mit den
Vorbereitungen der zweiten Auflage begonnen. Leider verstarb
Prof. Dr. *W. Kruse* im Oktober 1945.

Der Bearbeiter hat Anlage und Stil des Buches möglichst un-
geändert gelassen. Änderungen und Ergänzungen wurden nur da
vorgenommen, wo es der stürmische Fortschritt der Naturwissen-
schaft seit 1939 notwendig machte. Besonderen Dank schuldet der
Bearbeiter Herrn Prof. Dr. *K. Wurm*-Bergedorf für kritische
Durchsicht des Textes vor und nach der Neubearbeitung.

Hamburg-Bergedorf, Mai 1953.   **W. Dieckvoss.**

Vorwort zur ersten Auflage

Von den Sternen soll in diesem Buche die Rede sein, von den ,,un-
zählig" vielen Sternen, die wir am nächtlichen Himmel sehen, und
von noch viel mehr Sternen, die wir – ohne Hilfsmittel – nicht sehen.

Wir wollen und können dabei voraussetzen, daß der Leser dem
Himmel nicht gegenübersteht wie seine Vorfahren vor einigen tausend Jahren oder seine Zeitgenossen im innersten Afrika, sondern
durch den Schulunterricht, eigenes Beobachten und Nachdenken
oder den neunten Band dieser Sammlung (*C. A. Chant:* Die Wun-
der des Weltalls) mit dem Anblick des Himmels und den Bewegungen, die daran zu beobachten sind, einigermaßen vertraut ist.

Der Leser weiß dann aber auch, daß es außer der Menge der
Fixsterne, die jahraus, jahrein in unveränderlichen ,,Sternbildern"
verharren, auch noch Himmelskörper gibt, die vor diesem Hintergrund ihr sehr lebendiges und abwechslungsvolles Spiel vollführen. Von diesen Himmelskörpern: dem Mond, der um die Erde
läuft, den Planeten und Kometen, die um die Sonne wandern, also
von allem, was sozusagen zu unserer Familie gehört, wollen wir
hier nicht sprechen. Wer darüber etwas erfahren möchte (und es gibt
da sehr viel Wissenswertes !), der findet in dem erwähnten Band
dieser Sammlung anschauliche Auskunft. Und auch von unserer

schönen und unentbehrlichen Sonne werden wir nur sprechen, weil sie — einer von den Millionen Fixsternen im Weltraum ist.

Sicherlich taucht hier die Frage auf, was dann wohl noch übrigbleiben wird, um den Inhalt eines ganzen Buches abzugeben. Die Frage ist durchaus berechtigt, denn vor hundert Jahren und auch noch vor fünfzig Jahren wäre nach Ausschluß der Sonne und des Sonnensystems nicht viel verblieben, worüber man längere Betrachtungen hätte anstellen können. Seitdem hat sich aber die Lage sehr verändert. Die großen Fernrohre, die in den letzten Jahrzehnten gebaut und auf den Himmel gerichtet worden sind, haben uns den Weg in die weiten Räume des Weltalls gebahnt, und gleichzeitig hat uns die Entwicklung der Physik die Möglichkeit gebracht, die Sprache des Lichts, in der wir alle Mitteilungen aus der Sternenwelt erhalten, zu verstehen. Dieser Ausbruch der astronomischen Forschung aus dem engeren Kreis der Sonnenfamilie in die Welt der Sterne ist sehr plötzlich und mit großer Wucht erfolgt. Heute ist der größte Teil der Astronomie Fixsternastronomie.

Bei dieser Lage muß es verlockend erscheinen, mit diesem großen neuen Wissensgebiet bekannt zu werden. Ist aber nicht bei einem Forschungszweig, der aus der modernsten naturwissenschaftlichen und technischen Entwicklung herausgewachsen ist, zu befürchten, daß die Erkenntnis sehr komplizierte und nur für den Fachmann verständliche Wege geht? Es ist zum Glück nicht so. Der Kern der Methoden, die zu den wichtigsten Erkenntnissen der Fixsternastronomie führen, ist meistens sehr verständlich und oft sogar überraschend einfach. Die wirkliche, praktische Durchführung dieser einfachen Leitgedanken ist allerdings gar nicht einfach, sondern setzt volle Vertrautheit mit dem heutigen Rüstzeug der Mathematik, der Physik und der praktischen Astronomie voraus. Wir wollen sie daher den Leuten „vom Bau" überlassen und nur gelegentlich einen Blick in ihre Werkstatt tun, wenn uns ihre Arbeit zu leicht zu erscheinen droht. So können wir aber getrost den Versuch wagen, der Fixsternforschung — sozusagen aus der Vogelschau — auf den Wegen zu ihren wunderbaren und manchmal wunderlichen Ergebnissen zu folgen. Wenn es uns dabei gelingt, mit den Wegen etwas vertrauter zu werden, dann werden uns die Ergebnisse vielleicht weniger verblüffend, aber beträchtlich glaubwürdiger erscheinen.

Das Ziel

Der Eindruck, den der Sternenhimmel auf einen Menschen macht, der in die glückliche Lage kommt, seiner vollen Pracht ansichtig zu werden, kann nicht Gegenstand und auch nicht Ausgangspunkt unserer Betrachtungen sein. Wir müssen uns auf den nüchternen Standpunkt des Astronomen stellen, der es ihm erlaubt, Fragen zu stellen und die Antworten, wenn sie sich nicht von selbst einstellen, mit dem geistigen und technischen Rüstzeug seiner Zeit „vom Himmel herunter" zu holen.

Was sehen wir nun, wenn wir mit solchen Absichten unter den dunklen Himmelsdom treten? Wir wollen annehmen, daß wir uns von dem Lichtmeer der Stadt frei machen und einen Platz aufsuchen können, der uns einen ungehinderten Blick auf den ganzen Himmel erlaubt. Über uns liegt tiefe, schwarze Finsternis, und aus dem Dunkel blitzen uns eine Menge, eine ganz gewaltig große Menge von Lichtern entgegen. Sie sind nicht alle gleich hell; man sieht auf den ersten Blick, daß es viel mehr schwächere als ganz helle gibt. Sie sind auch nicht sehr ordentlich aufgestellt, sie bilden aber doch an vielen Stellen Figuren, die dem Auge auffallen und gut zu behalten sind. Das sind die Sternbilder, die von alter Zeit her größtenteils die Namen von Menschen und Tieren tragen, die im Sagenkreis der Völker eine Rolle gespielt haben. Es gelingt uns heute meistens nicht mehr, die körperlichen Umrisse hinzuzudenken, und wir sehen deshalb die geometrischen Figuren, die zwar den Namen unverständlich lassen, aber von jedem erkannt werden können, als die Sternbilder an.

Wir haben soeben eine wichtige Erfahrung benutzt, ohne uns von ihrer Bedeutung Rechenschaft zu geben! Wenn wir in der Lage sind, die Sterne zu Bildern zusammenzufassen und diese Anordnungen im Gedächtnis zu behalten, dann müssen sie doch wohl immer so vorhanden sein oder wiederkehren. Es ist auch so. Nacht für Nacht, Jahr für Jahr sehen wir dieselben Figuren am Himmel, und sie sind heute noch so, wie sie vor Jahrhunderten beschrieben worden sind. Und doch stehen die Sterne nicht still. Wenn wir uns etwas Zeit lassen, stellen wir schon nach kurzer Zeit fest, daß im Osten neue erscheinen und andere im Westen verschwinden, daß es ganz so aussieht, als drehe sich eine schwarze mit leuchtenden Punkten besetzte Kugel um eine Achse, die durch einen allgemein bekannten Punkt, den Polarstern, geht. Wir wollen bei dieser Auffassung, die als wirkliche Meinung über die Natur des Himmels eine lange Lebensdauer hinter sich hat, nicht verweilen. Es war ein weiter und beschwerlicher Weg, den der Menschengeist gehen mußte, bis er erkannte, daß die Erde ein lustiges Karussell ist, das uns unsere Umgebung in dauerndem Wechsel zu Gesicht bringt. Wer den Weg zu dieser und anderen grundlegenden Erkenntnissen mit allen ihren wichtigen Folgen noch einmal gehen möchte, lese den ersten Teil des schon angeführten Chantschen Buches. Hier wollen wir annehmen, daß wir uns am Ende dieses Weges getroffen haben. Wir wissen also, daß der Himmel kein Planetarium ist, sondern nur so aussieht. Statt auf eine uns einschließende Kugelschale sehen wir in einen unermeßlich weiten dunklen Raum, in dem die Sterne nebeneinander und *hintereinander* als Leuchtfeuer aufgestellt sind. Unsere Erde schwebt in diesem nach allen Richtungen unendlichen Raum, und überall in diesem Raum schweben leuchtende Sterne, so daß wir, wenn wir einen Augenblick den Raum vergessen, ein mit Lichtern besetztes Himmelsgewölbe erblicken. Wir sind gar nicht einmal auf unsere Phantasie angewiesen, um den Anblick des Himmels deuten zu können, wir können uns dabei auf irdische und ganz geläufige Erfahrungen stützen. Seitdem nicht nur die Städte, sondern auch die Dörfer und Bauernhöfe und viele Landstraßen mit elektrischer Beleuchtung ausgerüstet sind, kann man in einer dicht besiedelten ländlichen Gegend von einem Berge oder Hügel aus einen Eindruck gewinnen, der mit dem des Himmels große Ähnlichkeit hat. Auch in diesem Falle sehen wir, eingebettet in das Dunkel, ein Netz von leuchtenden Punkten. Aber hier kommen wir gar nicht darauf, uns eine mit Lichtern besetzte Wand vorzustellen, weil wir wissen, was die Lichter bedeuten und wie sie angeordnet sind.

Den Sternen gegenüber können wir uns so sicheren Wissens nicht rühmen. Was sie sind und bedeuten? Nun, wir können uns eine plausible Meinung darüber verschaffen. Über unsere Sonne wissen wir allerlei. Daß sie rund ist wie ein Teller, kann jeder sehen. Wir halten sie aber nicht für einen Teller, sondern für eine Kugel, die wie die Erdkugel im Raume schwebt. Wenn wir die Flecke, die von Zeit zu Zeit auf ihr sichtbar sind, verfolgen, können wir sogar sehen, daß sich die Sonnenkugel wie die Erdkugel dreht. Von der Erde aus sehen wir die Sonnenkugel als eine ziemlich große Scheibe. Wenn wir aber die Möglichkeit hätten, uns weiter von ihr zu entfernen, so würde die Scheibe immer kleiner werden und schließlich zu einem Punkt zusammenschrumpfen, zu einem *leuchtenden* Punkte: die Sonne würde uns als Stern erscheinen! Daß das so sein würde, können wir auch jederzeit in unserer gewöhnlichen Umgebung probieren: alle die elektrischen Lampen, die doch in unserer Hand fühlbare Kugeln sind, werden zu leuchtenden Punkten, wenn wir sie in einer Entfernung von einigen Kilometern leuchten sehen. Wir haben also Grund genug zu der Vorstellung, daß die Sterne leuchtende Kugeln sind. Ganz handgreiflich zeigen können wir das allerdings einem Zweifler nicht. Bei einem leuchtenden Punkt in der Landschaft genügt ein anständiges Fernglas, um ihn als Glühbirne zu entlarven. Bei den Sternen reichen die größten Fernrohre nicht aus, sie bleiben Punkte.

Der Himmel als Weltraum, in dem die Sterne schweben — sollte eine solche Vorstellung nicht unsere Neugier reizen? Sie bringt eine Flut von Fragen mit sich! Wir können uns natürlich nicht damit zufrieden geben, daß die Sterne im Raume schweben; wir möchten auch wissen, *wo* sie sich befinden, wie weit sie von uns entfernt sind, ob es überall im Weltraum Sterne gibt, und ob in allen Gegenden des Raumes gleich viele vorhanden sind. Und sollten wir das alles erfahren, so werden wir weiter fragen, ob denn die Sterne immer an ihren Plätzen bleiben, wie das nach dem unveränderlichen Aussehen des Himmels scheinen könnte, oder ob sie vielleicht doch in Bewegung sind, wie wir das von unserer Erde, dem Monde und den übrigen Mitgliedern des Sonnensystems kennen. Gibt es vielleicht Zusammenhänge und Beziehungen zwischen diesen leuchtenden Kugeln? Wir wissen auch noch gar nichts über die Größe dieser Sternkugeln, auch nicht, woraus sie bestehen. Und daß sie Licht aussenden, ist auch nicht gerade selbstverständlich!

Auf alle diese Fragen möchten wir eine Antwort haben, und auf dem Wege dahin werden sich immer neue Fragen einstellen. Als letzte und schwerste wird die Frage nach dem Woher und Wohin auftauchen, auf die wir stoßen, aus welcher Richtung wir auch kommen mögen.

Was uns als Ziel vorschwebt, haben wir umrissen. Nun wollen wir uns danach umsehen, welche Mittel uns für unser Unternehmen zur Verfügung stehen, und was damit bisher erreicht worden ist.

Inhaltsverzeichnis

Erster Teil

Wege zu den Sternen

Zweiter Teil

Die Welt der Sterne

Die folgenden Abbildungen sind aus anderen Werken entlehnt:

Abb. 10 aus „Naturwissenschaften".
Abb. 61 aus Strömgren, Lehrbuch der Astronomie (Springer).
Abb. 54, 58 aus Westphal, Physik (Springer).
Abb. 21 aus Wolf, Stereoskopbilder vom Himmel (Barth).
Abb. 102 aus „Sky and Telescope".
Abb. 14, 43, 49, 75, 76, 84, 88, 95, 96, 98 aus Handbuch der Astrophysik (Springer).

Erster Teil

Wege zu den Sternen

Die Weltsprache

Es ist vielleicht reichlich kühn, was wir uns da vorgenommen
haben! Wir sind uns bewußt, daß wir mit unserer kleinen Erde
in einem sehr großen Weltall schweben, und daß wir keine Möglichkeit haben, unseren Standpunkt zu verlassen. Und doch haben
wir vor, über seine fernsten Teile alles das auszukundschaften,
was wir über die Dinge unserer Nachbarschaft wissen. Unsere
Kühnheit wird uns noch absonderlicher erscheinen, wenn wir
uns ganz klar machen, wie schmal die Brücke ist, die von uns
zu den Sternen führt. Wenn wir alle unsere erworbenen Vorstellungen und unsere Einbildungskraft beiseite lassen und uns
in dieser Verfassung unter den Himmel stellen: was sehen wir
eigentlich? Daß aus gewissen Richtungen Licht in unsere Augen
fällt, das ist alles. Daß es von fernen Weltkörpern herkommt,
wollen wir hinzudenken, um uns besser ausdrücken zu können.
Das Licht ist die Verbindung, die zwischen den Sternen und uns
besteht. Dabei ist das Licht in seiner allgemeinen Bedeutung als
Wellenstrahlung zu verstehen, zu der z. B. auch die Radiowellen
gehören. Näheres darüber erfahren wir auf Seite 81. Was sonst
noch aus den Tiefen des Weltraums zu uns gelangt, nämlich die
Meteore und die Teilchen der kosmischen Höhenstrahlung, sagt
uns nichts Unmittelbares über die Sterne aus. Wenn wir also
irgend etwas über diese in Erfahrung bringen können, muß es
aus ihrem Licht herauszulesen sein. Es erscheint vielleicht auf
den ersten Blick nicht sehr aussichtsvoll, nur durch dieses eine
Mittel so viel erfahren zu wollen. Glücklicherweise ist aber das
Licht eine sehr reiche Sprache, und je besser es uns gelingt, in
die Feinheiten dieser Sprache der Natur einzudringen, desto um-
fassender werden unsere Kenntnisse über Dinge, Zustände und
Vorgänge in sonst unerreichbaren Fernen werden.

Das, was man die gewöhnliche Umgangssprache nennen könnte,
ist uns aus unserer alltäglichen Erfahrung sehr geläufig. Es ist

uns selbstverständlich, daß wir eine Glühbirne, die mitten im Zimmer hängt, von allen Seiten her und auch von oben oder unten sehen können, wenn sie nicht irgendwo durch einen Schirm verdeckt wird. Das Licht strömt also von der Birne aus nach allen Seiten durch den Raum. Daß es sich durch gradlinige Strahlen ausbreitet, können wir leicht feststellen, indem wir einen Bleistift auf den Tisch stellen und seinen Schatten betrachten.

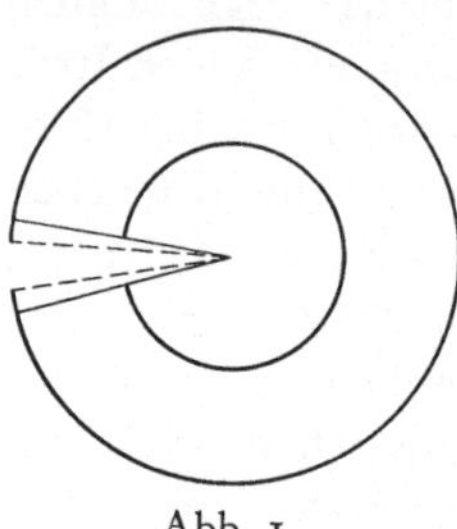

Abb. 1.
Ausbreitung des Lichts.

Daß der Eindruck, den wir empfangen, schwächer wird, wenn wir uns weiter von der Lichtquelle entfernen, fällt uns im Zimmer nicht so sehr auf. Es ist uns aber trotzdem nicht zweifelhaft, da wir ja wissen, daß eine Straßenlaterne, die zehn Minuten von uns entfernt ist, nicht so hell erscheint wie die Laterne, die vor unserem Hause steht. Wenn wir uns etwas mehr Mühe damit machen wollten, so könnten wir auch feststellen, wieviel schwächer sie erscheint. Wir können das aber leichter durch eine kleine Überlegung erreichen (Abb. 1), die uns lehrt, daß durch eine gleich große Öffnung, z. B. ein Loch in schwarzem Papier, im doppelten Abstande von der Lichtquelle nur ein Viertel der Lichtmenge geht. Wir laufen nun gewöhnlich nicht mit einem schwarzen Papier vor den Augen herum. Wir haben das aber auch nicht nötig, da wir sowieso durch ein Loch in die Welt sehen: durch unsere Pupillen. Wenn wir also dieselbe Lampe zuerst aus 10, dann aus 100 m Entfernung ansehen, so geht durch unsere Pupille im zweiten Falle nur der $10 \times 10. = 100$. Teil des Lichts, das im ersten Falle zur Geltung kam. So ganz genau stimmt das bei der Pupille allerdings nicht, weil sie sich automatisch vergrößert oder verkleinert, je nachdem, ob schwaches oder helles Licht in das Auge fällt. Ganz genau stimmt es aber bei unseren Fernrohren, weil deren Pupille sich nicht von selbst verändert. Wenn wir also mit demselben Fernrohr zwei an und für sich gleich helle Sterne betrachten, von denen der eine doppelt so weit entfernt ist wie der andere, so wird der nähere $2 \times 2 = 4$ mal soviel Licht in unser Fernrohr schicken. Von diesem einfachen Gesetz der Lichtausbreitung werden wir noch ausgiebig Gebrauch machen.

Daß wir zur Betrachtung des Himmels Fernrohre verwenden, beruht nicht gerade auf der Eigenschaft, die uns eben zufällig auf sie geführt hat; mit der Pupille hat es aber auch etwas zu tun, wie wir noch sehen werden. Vorweg müssen wir aber eine Ansicht berichtigen, die sich mit dem Begriff Fernrohr einzufinden pflegt. Mancher wird die Verwendung von Fernrohren für selbstverständlich halten, weil man ja mit ihnen alles *größer* sieht. Diese Meinung ist nicht falsch, aber sie trifft nicht den Kern der Sache.

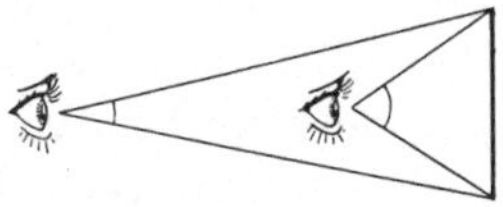

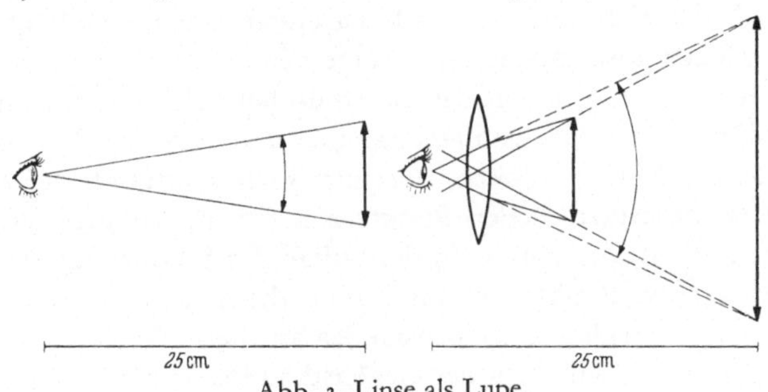

Abb. 2.
Wir sehen uns einen
Gegenstand genauer an.

Was machen wir denn gewöhnlich, wenn wir einen Gegenstand genauer sehen wollen? Wir gehen mit unserem Auge näher an ihn heran (Abb. 2), um ihn unter einem größeren Winkel zu sehen und damit zu erreichen, daß sich sein Bild im Auge über möglichst viele Zäpfchen oder Stäbchen erstreckt. Das können wir aber nicht beliebig weit fortsetzen. Wenn wir näher herangehen, als die „deutliche Sehweite" angibt (etwa 25 cm), sind

Abb. 3. Linse als Lupe.

wir bald nicht mehr in der Lage, scharf zu sehen. Wir helfen uns dann durch eine *Lupe*, ein Vergrößerungsglas, das, wenn wir es richtig halten, die in Abb. 3 beschriebene Wirkung hat. Die Linse bringt es zuwege, daß wir nicht den kleinen Gegenstand, sondern ein (in Wirklichkeit nicht einmal vorhandenes) vergrößertes Bild sehen, das obendrein für unser Auge passend liegt.

Was nützt uns das aber bei den Sternen? Bei ihnen liegt die ganze Schwierigkeit doch gerade darin, daß wir ihnen nicht

näherrücken können! Nun, wenn das nicht geht — vielleicht ist
es möglich, die Sterne heranzuholen? Diesem Zwecke dient das
Fernrohr. Sein Kernstück ist ebenfalls eine Sammellinse, in wirklichen Fernrohren ein System von mindestens zwei, häufig auch
drei oder noch mehr Linsen, die zusammen wie eine ideale Sammellinse wirken. Von Gegenständen, die weit genug entfernt sind,
entwirft eine solche Linse Bilder, die wirklich vorhanden sind,
„reelle" Bilder. Jede photographische Kamera ist ein kleines
Fernrohr; das reelle Bild wird auf der photographischen Platte aufgefangen, und beim Einstellen betrachten wir es auf der Mattscheibe.

Wir wollen versuchen, uns die Bilderzeugung im Fernrohr
noch etwas deutlicher zu machen. Wenn wir von einem leuchtenden Punkte, z. B.
dem kurzen Faden einer
Taschenlampenbirne,
ein Lichtstrahlenbü-
schel auf ein Fern-
rohrobjektiv fallen las-

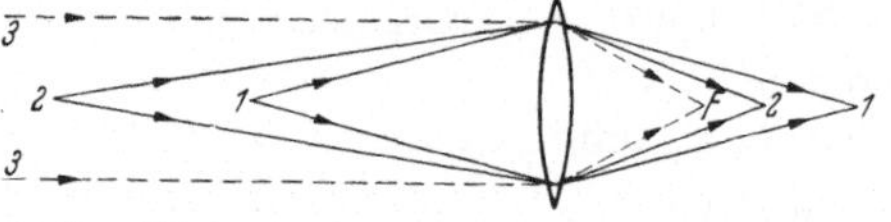

Abb. 4. Linse als Fernrohrobjektiv: Abbildung
von Punkten in der Achse.

sen (Abb. 4), so bilden die Strahlen auch hinter der Linse ein
Büschel, das sich an einer Stelle zu einem Punkte verengt und
dann wieder auseinandergeht. Auf einem Blatt Papier, das wir
dicht hinter der Linse in das Lichtbüschel halten, erscheint ein
heller Kreis, der zunächst immer kleiner und heller wird, je weiter
wir von der Linse abrücken. An einer Stelle schrumpft der Kreis
zu einem besonders hellen Punkte zusammen, dahinter wird er
wieder größer und matter. In der Spitze des Strahlenkegels wird
der leuchtende Punkt auch als Punkt abgebildet, und da jeder
Punkt eines wirklichen Gegenstandes an dieser Stelle als Punkt
abgebildet wird, wird hier der Gegenstand Punkt für Punkt nach-
gezeichnet: hier entsteht ein wirkliches Bild des Gegenstandes.

Wir wollen der Einfachheit halber den einzelnen leuchtenden
Punkt im Auge behalten. Wo sein Bild entsteht, hängt von der
Lage des Lichtpunktes vor der Linse ab. Je weiter er in die Ferne
rückt, desto näher rückt das Bild an den Punkt F heran, in dem
sich alle Strahlen vereinigen, die von einem „unendlich" weit
entfernten Punkte herkommen. Warum dieser Punkt F der Brennpunkt der Linse heißt, merkt man, wenn man ihn mit Hilfe von
Sonnenstrahlen feststellt. In diesem Abstand entsteht das Bild

4

auch, wenn die Strahlen nicht parallel zur Achse des Fernrohrs, sondern schräg einfallen (Abb. 5), der Bildpunkt liegt dann aber nicht in der Achse, sondern da, wo der durch die Mitte gehende Strahl, der keine Brechung erleidet, die Brennebene durchstößt. Es ist leicht zu sehen, daß der Abstand des Bildpunktes von der Achse von dem Winkel abhängt, den die einfallenden Strahlen gegen die Achse bilden. Nehmen wir einen Winkel von 3^0 an, so würde sich bei einer Brennweite von 2 m ein Abstand von 10 cm ergeben. Einen solchen Abstand hätten also auch die Bilder zweier Sterne, die am Himmel 3^0 voneinander entfernt sind. Dieselbe Betrachtung bleibt aber auch gültig, wenn wir uns als Gegenstandspunkt je einen Punkt am oberen und unteren

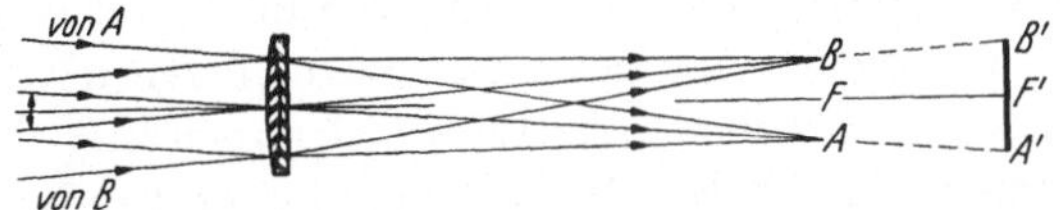

Abb. 5. Linse als Fernrohrobjektiv: Abbildung seitlich liegender Punkte.

Rand des Mondes aussuchen. Der Winkel, unter dem uns die Mondscheibe erscheint, beträgt $1/_2^0$, das Mondbild in unserem 2-m-Fernrohr hat dementsprechend einen Durchmesser von 18 mm Ein Fernrohr von 20 m Brennweite (die Brennweite hängt von der Krümmung der Linsenflächen ab) liefert ein Mondbild von 18 cm Durchmesser, also ein recht stattliches Bild. Aber wir müssen gestehen, daß auch in solchem Falle das Mondbild sehr viel kleiner ist als der Mond selbst, von einer „Vergrößerung" durch das Fernrohr also nichts zu merken ist. Das 18-cm-Bild macht uns aber doch stutzig: es sieht größer aus als der natürliche Mond. Um unser Mißverständnis aufzuklären, brauchen wir uns auch nur an unsere frühere Feststellung zu erinnern, daß es auf den Winkel ankommt, unter dem wir etwas sehen. Wenn wir unser großes (photographisches) Mondbild aus der üblichen Entfernung von 25 cm betrachten, erscheint es uns unter einem Winkel von 40^0, also 80 mal so groß wie der natürliche Mond, und selbst das Mondbild des 2-m-Fernrohrs ist in diesem Sinne noch 8 mal so groß wie der Mond am Himmel. Bei genauerem Überlegen können wir hier erkennen, worin die eigentliche Bedeutung des Fernrohrs besteht: das reelle Bild ersetzt den Gegenstand!

Das photographische Bild kann man, da man es „schwarz auf
weiß besitzt, getrost nach Hause tragen". Man kann es mit einer
Lupe aus größter Nähe betrachten (noch besser mit einem Mikroskop). Man kann auch mit einem Maßstab die Lage bestimmter
Punkte des Bildes zueinander vermessen; das ist sehr viel bequemer und, wenn die Messungen in einem Meßapparat unter
dem Mikroskop vorgenommen werden, genauer, als wenn man
mit einem Winkelmeßinstrument am Himmel Messungen anstellt.
Aber auch, wenn wir das Bild nicht photographisch auffangen,
können wir das alles machen. Wenn wir uns hinter dem Brennpunkt aufstellen, wo das Strahlenbüschel wieder auseinanderfließt,
sehen wir das Bild (z. B. das Mondbild) genau so, als hätten wir
es auf einer photographischen Platte vor uns. Und wir können
auch hier, mit einer Lupe bewaffnet, näher heranrücken, um es
größer zu sehen. Wenn wir die Lupe (oder auch hier ein System
von mehreren Linsen) als „Okular" dicht hinter dem Brennpunkt
einbauen, dann ist damit auch das gewöhnliche „visuelle" Fernrohr abgeschlossen. Wir können es vervollständigen, indem wir
in der Brennebene eine Meßeinrichtung anbringen, mit der sich
an den Bildern ebensolche Messungen vornehmen lassen wie auf
der photographischen Platte (Mikrometer).

Im Enderfolg geben uns die Fernrohre also tatsächlich die
Möglichkeit, ferne Gegenstände größer und genauer zu sehen.
Sonne und Mond sieht man im Fernrohr bedeutend größer als
mit dem bloßen Auge, und die Planeten, die sich für das bloße
Auge nicht von den Fixsternen unterscheiden, werden im Fernrohr zu deutlich erkennbaren Scheiben. Wenn wir aber nach
diesen Erfolgen hoffnungsvoll unser Rohr auf einen hellen Fixstern richten, erwartet uns eine schlimme Enttäuschung: Der
Fixstern ist auch im Fernrohr nur ein leuchtender Punkt, und
wie stark wir auch die Okularlupe wählen, er wird nicht größer.
Warum das so ist, ist nicht schwer einzusehen. Das reelle Bild,
das die Objektivlinse des Fernrohres entwirft, fällt um so kleiner
aus, je weiter der Gegenstand entfernt ist, und bei sehr großer
Entfernung schrumpft es zu einem Punkt zusammen, aus dem
selbst das stärkste Okular keine Fläche mehr machen kann. Bei
den Fixsternen gewinnen wir also, wie es scheint, nur die wert-
volle Erkenntnis, daß sie, wenn sie Körper von der Größe des

Mondes, der Planeten oder gar der Sonne sind, außerordentlich weit entfernt sein müssen.

Wir gewinnen aber auch sonst noch sehr viel durch den Gebrauch von Fernrohren. Ein Versuch wird uns zeigen, in welcher Hinsicht. Wir holen uns ein Blatt undurchsichtiges Papier und stechen eine Reihe von Löchern hinein. Das kleinste soll etwa so groß sein, wie ein Stecknadelkopf, das größte wie ein Fünfpfennigstück. Wir halten das Blatt dicht vor unser Auge und sehen der Reihe nach durch die Löcher nach einer Glühbirne. Die Birne erscheint dabei ganz verschieden hell. Durch das kleinste Loch erscheint sie am wenigsten hell, und mit der Größe des Loches steigt die Helligkeit, natürlich deswegen, weil durch

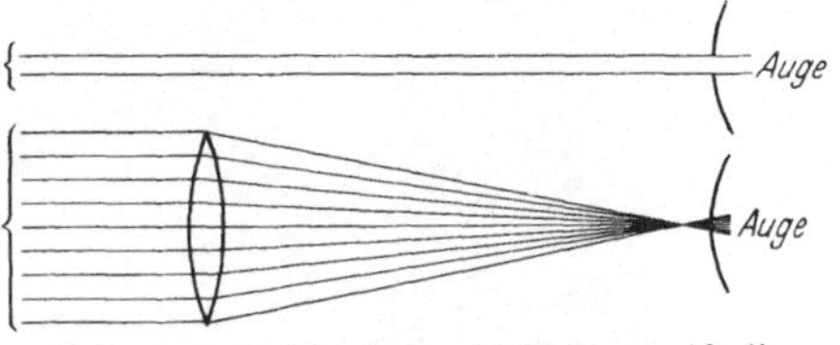

Abb. 6. Das Objektiv als Licht„greifer".

das größere Loch mehr Licht in unser Auge kommt. Leider müssen wir feststellen, daß die letzten Löcher uns keinen Gewinn mehr bringen; von einer bestimmten Lochgröße ab wird die Lampe nicht mehr heller. Man kann leicht herausbekommen, daß das die Größe unserer eigenen Pupille ist; mehr, als diese durchläßt, kann nicht im Auge zur Wirksamkeit kommen.

Wir übersehen leicht, daß wir uns bei den Sternen, denen wir ja nicht näherrücken können, mit dem natürlichen Eindruck abfinden müßten, wenn nicht die Linsen die Fähigkeit hätten, reelle Bilder zu erzeugen. Dadurch, daß wir mit unserer Pupille ganz dicht an den Bildpunkt herangehen können, in dem das ganze durch das Objektiv aufgenommene Licht vereinigt wird, wird es möglich, eine so viel größere Lichtmenge in unser Auge zu bringen (Abb. 6). Soviel mal größer die *Öffnung* des Fernrohrs ist, soviel mal heller sehen wir die Sterne. Für die Sterne, die wir schon mit dem bloßen Auge sehen, wäre das nicht von so großer Bedeutung. Bei der Benutzung von Fernrohren merken wir aber bald, daß es auch noch Sterne gibt, und zwar sehr viele, deren Licht so schwach ist, daß das dünne Lichtbündel, das natürlicherweise durch unsere Pupille geht, nicht ausreicht, einen Eindruck hervorzurufen. Um alle diese und sonst verborgenen Sterne sichtbar

zu machen, bauen wir immer größere Fernrohre, d. h. Fernrohre
mit möglichst großer Öffnung. Bei diesem Rennen um Licht sind
die Spiegelteleskope im Vorteil gegenüber den Linsenfernrohren.
Wir können nämlich alles, was wir bisher mit Linsen gemacht

Abb. 7. Lippert-Astrograph der Hamburger Sternwarte in Hamburg-Bergedorf
Drei photographische Fernrohre mit verschiedenartiger optischer Einrichtung
und zwei visuelle Leitrohre sind hier zu einem Instrument vereinigt.

haben, auch mit Hohlspiegeln erreichen. Dementsprechend gibt
es nebeneinander die beiden Grundtypen des astronomischen Fernrohrs: den Refraktor (Linsen, die die Strahlen brechen) und den
Reflektor (Spiegel, die die Strahlen zurückwerfen). Die eine Fläche,
auf der die ganze Wirksamkeit des Reflektors beruht, ist in

8

solcher Größe leichter herzustellen als die mindestens 4 Linsenflächen der großen Refraktoren, und das Glas braucht nicht so ein-
heitlich und schlierenfrei zu sein, da es ja nur auf die spiegelnde Oberfläche ankommt. Es gibt deshalb Spiegel bis zu 5 m Durchmesser
(Mount Palomar in Kalifornien), während die 102 cm des bereits um

Abb. 8. Einweihung des 5-m-Spiegel-Teleskops auf dem Mount Palomar, 1948.

1900 erbauten Yerkes-Refraktors (ebenfalls in Nordamerika) nicht
mehr überschritten worden sind. Ein weiterer Vorteil des Reflektors
besteht darin, daß die Silber- oder Aluminiumschicht, mit der die
Hohlfläche des Spiegels überzogen wird, fast alles Licht, das auf
den Spiegel fällt, zurückwirft, während in und zwischen den Linsen der großen Objektive durch Absorption und Spiegelung
30—40% des Lichtes steckenbleibt, also für den Zweck, den wir

erreichen wollen, verlorengeht. Leider hat der Spiegel auch eine Schwäche; er gibt nur von den Gegenständen, nach denen seine Achse zeigt, scharfe Bilder. Auf Himmelsaufnahmen, die mit Spiegeln gemacht sind, sind die Sterne nur in der Mitte scharfe Punkte, weiter außen sind sie „Kometen“ (z. B. Abb. 82). Für

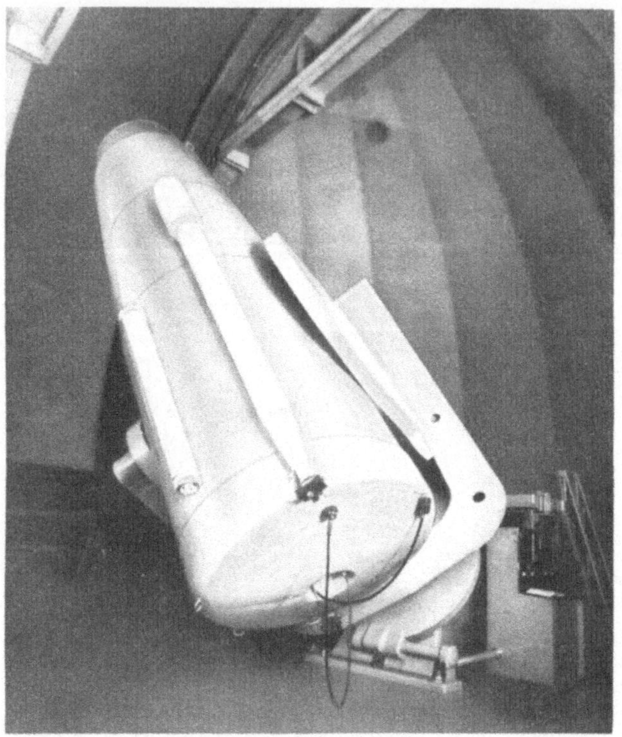

Abb. 9. Der große Schmidt-Spiegel auf dem Mount Palomar.

die Vermessung von Himmelsaufnahmen ist das ein schwerer Nachteil, für viele andere Zwecke ist aber die Lichtfülle der ausschlaggebende Gesichtspunkt. Seit etwa 20 Jahren ist es gelungen, diese Schwäche der Spiegelteleskope zu überwinden. Durch die Verbindung eines Hohlspiegels mit einer ganz dünnen, in besonderer Weise geschliffenen Linse büßt man nur wenig Licht ein und erhält auch weitab von der Bildmitte eine scharfe Abbildung

(z. B. Abb. 11). Dieses Prinzip des Schmidt-Spiegels hat sich als sehr fruchtbar erwiesen. Die Bilder der Sterne haben mit ihm eine erstaunliche Schärfe bis zum Rand der Platten. Schmidt-Spiegel-Teleskope sind doppelt so lang wie gewöhnliche Fernrohre (auch gewöhnliche Spiegelteleskope) gleicher Brennweite, da die dünne Linse, die man Korrektionsplatte nennt, in so großem Abstand vom Spiegel sitzen muß. Außerdem ist es nötig, die photographische Platte oder den Film so weit durchzubiegen, daß die Sterne auf einer passenden Kugelfläche abgebildet werden. Trotz dieser beiden Nachteile sind aber die Vorteile des Schmidtschen Spiegelsystems mit seiner Bildschärfe so groß, daß ständig noch neue große und kleine Instrumente dieser Art gebaut werden.

Das größte Schmidt-Teleskop steht auf dem Mount Palomar (Abb. 9). Es hat einen Spiegeldurchmesser von 1.80 m und eine freie Öffnung (vorn) von 1.20 m. Dem 5-m-Teleskop ist es unentbehrlich, weil es mit seinem großen, auf einmal abgebildeten Himmelsfeld die Objekte erst zu finden gestattet, die dann der große Bruder genauer studieren kann.

Fernrohre können sich auch noch anders als durch das Prinzip ihrer Bilderzeugung unterscheiden. Daß es „visuelle“ und „photographische“ Fernrohre gibt, haben wir bereits bemerkt. Sie sind auch heute noch nebeneinander im Gebrauch, doch überwiegt das photographische Beobachtungsverfahren. Es liefert jederzeit greifbare Bilder des Himmels, die man zu beliebiger Zeit und beliebig oft untersuchen kann; es gibt die Möglichkeit, in den kostbaren Stunden des Ausblicks auf den Himmel möglichst viel „festzuhalten“ und für die zeitraubende Bearbeitung andere Zeiten oder andere Arbeitskräfte zu verwenden. Es bringt uns aber auch Kunde von mancherlei, was das Auge auch durch die großen Fernrohrpupillen nicht sieht, obwohl es für Augenblickswirkungen empfindlicher ist als jede photographische Emulsion. Die photographische Wirkung wächst mit der Dauer der Lichteinwirkung, die photographische Platte „speichert“, das Auge ist dafür nicht eingerichtet.

Aber auch das visuelle oder photographische Verfahren legt noch nicht die Gestalt der Fernrohre fest. Je nach den Aufgaben, denen sie dienen sollen, müssen die optischen wie die mechanischen Teile besonders konstruiert sein. So kommt es, daß eine große

Sternwarte ein Arsenal von optischen Kanonen der verschiedensten Modelle und Kaliber ist.

Ganz anders sehen die in neuester Zeit entwickelten „Radio-Teleskope" aus (Abb. 10). Mit ihnen fängt man die aus dem Weltraum kommenden Radiowellen auf. Jeder starke Radio-apparat mit passender Antenne kann das. Gegenüber den Musiksendungen der Rundfunkstationen erscheinen die Wellen aus dem

Abb. 10. Ein Radio-Teleskop der Sternwarte Leiden.

Weltall nur als eine Störung. Um diese „Störungen" selber studieren zu können, muß man um die eigentliche Antenne für den Empfänger große Metallspiegel bauen, mit denen erreicht wird, daß nur Strahlung aus einer bestimmten Richtung zur Wirkung kommt. Dabei brauchen die Spiegel nicht massiv zu sein; Netze genügen. Sie müssen aber große Dimensionen haben, wenn sie gut wirken sollen, so daß man zu wahrhaft gewaltigen Anlagen kommt.

Rundblick und Ausblick

Der Himmel, den uns diese großen künstlichen Augen erschließen, ist noch viel prächtiger und rätselvoller als der natürliche Himmel. Wir können uns selbst davon überzeugen, ohne Besitzer eines großen Fernrohrs zu sein. Die Abb. 11 gibt eine Stelle des

Himmels dicht neben Deneb, dem hellsten Stern im Schwan wieder. Wenn wir mit Hilfe einer Sternkarte feststellen, daß wir auf diesem Fleck mit dem bloßen Auge nur ein Dutzend Sterne wahrnehmen, so müssen wir uns gestehen, daß wir eigentlich bisher nicht viel von der Welt gesehen hatten. Eine solche Stern-

Abb. 11. Milchstraße im Schwan mit dem (seiner Form wegen so genannten) Amerika-Nebel (Aufnahme mit dem 36-cm-Schmidt-Spiegel der Hamburger Sternwarte).

fülle finden wir allerdings nicht überall am Himmel. Wir haben, um den Gegensatz recht groß zu machen, ein Feld in der Milchstraße ausgesucht, und wir kommen so auch leicht dahinter, was es mit diesem um den ganzen Himmel laufenden leuchtenden Band auf sich hat.

Wir werden beim Eindringen in die Welt der Fixsterne, die uns durch die großen Fernrohre zugänglich gemacht wird, viele Fragen stellen und manche davon beantworten. Jetzt wollen wir aber zunächst das tun, was man im Laufe der Jahrhunderte seit der Erfindung des Fernrohrs immer gern getan hat: Wir wollen unser Auge über den Himmel wandern lassen. Wir entdecken dabei so mancherlei, was sich von dem allgemeinen Sterngewimmel abhebt. Da gibt es z. B. Stellen, wo eine große Menge von Sternen „auf einem Haufen" steht, und man bezeichnet solche Ansammlungen von Sternen auch als *Sternhaufen* (Abb. 12). Neben

Abb. 12. Gruppe von Sternhaufen im Fuhrmann (Lippert-Astrograph der Hamburger Sternwarte).

ihnen fällt uns an dem Haufen in Abb. 13 die geschlossene, kugelrunde Gestalt auf. Etwas ganz anderes sehen wir auf Abb. 14: eine große leuchtende Wolke mit verschwimmenden Umrissen. Man nennt diese Gebilde aber nicht Wolken, sondern *Nebel*. Ihr Leuchten ist nicht zusammengeflossenes Licht vieler Sterne wie das der Milchstraße, sie sind wirklich „Nebel" und von noch sehr viel luftigerer Beschaffenheit als unsere Nebel und Wolken. Auch solche Gebilde, wie wir eins in Abb. 15 sehen, schleppen die Bezeichnung „Nebel" mit sich herum, obwohl sie (was man zur Zeit der Entdeckung und Benennung nicht wußte) keine Nebel sind, sondern Fixsternwelten, die wir im Weltraum

Abb. 13. Der kugelförmige Sternhaufen ω Centauri (Victoria-Teleskop der Kap-Sternwarte).

Abb. 14. Der größte der etwa 150 ringähnlich aussehenden Gasnebel; er liegt im Wassermann und nimmt eine Fläche von ¼ des Vollmondes ein (91-cm-Spiegel der Lick-Sternwarte in Kalifornien).

schwimmen sehen. Sie werden wegen ihres spiraligen Aussehens als
Spiralnebel bezeichnet. Die Spiralen sind wohl die merkwürdigsten
und interessantesten Objekte; es gibt Millionen von ihnen am
Himmel, es ist also sicher, daß ihnen im Weltbau eine große

Abb. 15. Eine besonders deutliche Spirale im Sternbild Fische
(1-m-Spiegel der Hamburger Sternwarte).

Bedeutung zukommt. Bis zur vollen Erkenntnis ihrer Bedeutung
war der Weg weit und nicht immer gerade, und so werden auch
wir erst nach gründlicher Vorbereitung wieder bei ihnen an-
langen.

I. Die Richtung (Der Ort am Himmel)

Wie können wir die Sterne unterscheiden?

Darüber können wir nicht im Zweifel sein: Wir müssen in
dem Gewimmel der Fixsterne irgendwie Ordnung schaffen, wenn
wir uns gründlicher mit ihnen beschäftigen wollen. Daß das
möglich ist, zeigt schon der jahrtausendealte Brauch, die hellen
Fixsterne zu Sternbildern zusammenzufassen. Die Stellung der
Fixsterne zueinander ist für das bloße Auge unveränderlich, und
wenn man sie alle nach und nach in Karten einzeichnet und ihnen
Namen gibt, so ist damit schon erreicht, daß man sie voneinander
unterscheiden und sich über sie unterhalten kann. Wirkliche
Namen sind heute allerdings nur für einige der hellsten Sterne

gebräuchlich, im übrigen bezeichnet man die Sterne durch das Sternbild, zu dem sie gehören, und einen griechischen Buchstaben, wobei das Alphabet meistens in der Folge der Helligkeiten durchlaufen wird (α, β, γ, δ.... Alpha, Beta, Gamma, Delta...).

Namen und astronomische Bezeichnungen der bekanntesten Sterne

Name	Helligkeit in Größenklassen (s. S. 47)	Astronomische Bezeichnung	Deutscher Name des Sternbildes
Polarstern (Polaris)	2,1	α Ursae minoris	Kleiner Bär (kleiner Wagen)
Achernar	0,6	α Eridani	Fluß Eridanus
Mira	(S. 63)	o (Omikron) Ceti	Walfisch
Algol	2,1—3,2	β Persei	Perseus
Algenib	1,9	α Persei	Perseus
Aldebaran	1,1	α Tauri	Stier
Capella	0,2	α Aurigae	Fuhrmann
Rigel	0,3	β Orionis	Orion
Beteigeuze	0,9	α Orionis	Orion
Canopus	—0,9	α Carinae (α Argus)	Kiel (des Schiffes Argo)
Sirius	—1,6	α Canis majoris	Großer Hund
Castor	2,0	α Geminorum	Zwillinge
Pollux	1,2	β Geminorum	Zwillinge
Prokyon	0,5	α Canis minoris	Kleiner Hund
Regulus	1,3	α Leonis	Löwe
Mizar	2,2	ζ (Zeta) Ursae majoris	Großer Bär oder
Alkor	4,0	g Ursae majoris	Himmelswagen
Spica	1,2	α Virginis	Jungfrau
Arktur	0,2	α Bootis	Bootes
Gemma	2,3	α Coronae (borealis)	(Nördliche) Krone
Antares	1,2	α Scorpii	Skorpion
Wega	0,1	α Lyrae	Leier
Atair	0,9	α Aquilae	Adler
Deneb	1,3	α Cygni	Schwan
Fomalhaut	1,3	α Piscis austrini	Südlicher Fisch

Es gibt auch noch andere Bezeichnungen (lateinische Buchstaben und Nummern), aber alle solche Kennzeichnungen versagen, wenn wir uns daran machen, auch die vielen schwächeren Sterne, die uns durch das Fernrohr sichtbar gemacht werden, zu ordnen. Wir müssen uns dafür nach einer anderen Methode umsehen. Sollten wir nicht einfach dasselbe machen, was wir zur Kennzeichnung der verschiedenen Punkte unserer Erdoberfläche tun? Der Himmel erscheint uns als Kugel, und die Erde ist auch eine Kugel, die Dinge müssen also sehr ähnlich liegen. Wenn wir sagen, daß ein Stern zum Großen Bären und ein anderer zum Orion gehört, so ist das etwa dasselbe wie die Aussage, daß Berlin in Deutschland und Kairo in Ägypten liegt. Auf guten Karten kann man auch viel unbedeutendere Orte auffinden, wenn man nur einen Hinweis hat, in welchem Felde der Karte sie liegen, denn wir haben ja auf der Erde alle Punkte, die man suchen könnte, mit Namen ausgestattet. Das trifft aber nur zu, solange wir einen Punkt auf dem festen Lande suchen. Den Ort eines Schiffes auf dem Meere pflegen wir anders anzugeben: nach Länge und Breite. Zu diesem Zwecke ziehen wir (in gleichen Abständen) von einem Pol zum anderen 360 Halbkreise, die wir Längenkreise nennen, und parallel zum Äquator 180 Breitenkreise, 90 zwischen Äquator und Nordpol und 90 zwischen Äquator und Südpol, wobei der 90. auf jeder Seite nur noch ein Punkt, nämlich der Pol selbst ist. Dieses Netz der Längen- und Breitenkreise kann man auf jedem Globus sehen. Wenn wir uns diese Kreise als feste Rippen und die übrige Erde durchsichtig denken, dann können wir uns auch vorstellen, wie eine starke Lampe im Mittelpunkt der Erde diese Rippen auf die Himmelskugel projiziert, und damit haben wir auch am Himmel das Netz, das wir zur Festlegung der Fixsternörter brauchen. Die Bezeichnung ist zufällig etwas anders; wir nennen die beiden Zahlen, die einen Himmelspunkt in derselben Weise kennzeichnen wie Länge und Breite einen Erdort, Rektaszension und Deklination. Die Deklination wird vom Äquator aus nach Norden und nach Süden (0^0 bis $+90^0$, 0^0 bis -90^0) gezählt, die Rektaszention rundherum von 0^0 bis 360^0 (oder von 0 Uhr bis 24 Uhr, weil der Himmel sich infolge der Erddrehung in 24 Stunden scheinbar einmal ganz herumdreht). Der Nullmeridian, bei dem die Zählung beginnen soll, muß wie auf der Erde, wo es der Meridian von Greenwich ist, durch Verabredung festgelegt werden. Er soll durch den Punkt gehen, in dem die Sonne den Himmelsäquator im Frühling überschreitet (Frühlingspunkt). Das ist eine sehr einfache und klare Festlegung; ihr in der Praxis gerecht zu werden, ist aber mit sehr großen Schwierigkeiten verbunden.

Wir wollen diese Schwierigkeiten den Astronomen überlassen und uns nur ansehen, wie sie es anstellen, den Ort eines Sternes, d. h. seine Rektaszension und Deklination, festzustellen. Sie machen das mit einem Instrument, das so, wie wir es auf den Sternwarten sehen, sehr kompliziert ist, dessen Sinn uns aber sehr einleuchten wird, wenn wir es grob nachbauen (Abb. 16). Wir stellen dazu zwei Pfähle so auf, daß ihre Verbindungslinie in der Ost-West-Richtung liegt. Darüber legen wir eine Stange, die sich in Einschnitten der Pfähle drehen kann. Bringen wir nun noch in der Mitte der Stange eine Röhre an, durch die wir hindurchsehen können, dann haben wir das Wesentliche eines *Meridiankreises* aufgebaut. Wenn wir die Stange drehen und währenddessen durch das „Fernrohr" hindurchsehen, dann durchstreift unser Blick am Himmel einen Kreis, der vom Südpunkt des Horizontes zum Scheitel- oder Zenitpunkt über uns aufsteigt, und zum Nordpunkt hinunterläuft. Dieser Kreis (dessen zweite Hälfte uns durch die

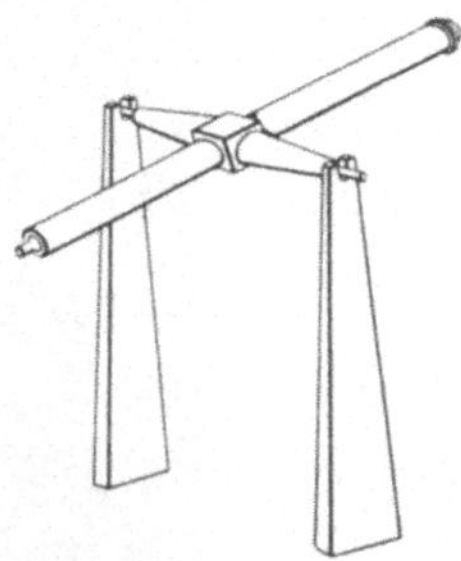

Abb. 16. Schema eines Meridiankreises.

Erde verdeckt wird) ist der Meridian unseres Beobachtungsortes und hat für uns die Bedeutung einer Schwelle, über die täglich alles hinweg muß, was sich am Himmel befindet. Wenn die Sonne durch den Meridian geht, ist es Mittag (nach wahrer Zeit, die von der bürgerlichen Zeit etwas verschieden ist). Die Zeit von einem Durchgang bis zum nächsten ist ein Tag mit 24 Stunden, und wir müssen unsere Uhren so einrichten, daß das stimmt, denn die maßgebliche Uhr, nach der sich alles zu richten hat, ist unsere Erde, die sich (und damit uns und unseren Meridian) täglich einmal herumdreht. Wenn es uns heute gelingt zu sehen, wie ein Fixstern durch das Gesichtsfeld unseres Fernrohres geht, so werden wir ihn auch morgen abfangen können, wenn wir das Fernrohr auf dieselbe Höhe über dem Horizont einstellen. Unsere Sternzeituhr muß dann dieselbe Stunde, Minute und Sekunde zeigen. Tut sie es nicht, dann geht sie zu schnell oder zu langsam. Jeder Stern geht zu einer bestimmten Zeit durch den Meridian und bietet uns eine Gelegenheit, unsere Uhr zu vergleichen (unmittelbar unsere Sternzeit-Uhr, die bürgerliche Sonnenzeit erhält man daraus durch Umrechnung). Wann ein Stern durch den Meridian geht, hängt, wie der Augenschein lehrt, von seinem Ort am Himmel ab, und zwar von seiner Rektaszension; zu jeder Rektaszension gehört

Abb. 17. Großer Meridiankreis der Hamburger Sternwarte.

eine bestimmte Durchgangszeit. Umgekehrt kann aber auch ein Stern, der in diesem Augenblick durch den Meridian geht, nur eine bestimmte Rektaszension haben. Wir sehen so, wie man in der Lage ist, mit einem Meridiankreis die Rektaszension eines Sterns zu bestimmen. Damit ist aber der Platz am Himmel noch nicht festgelegt, da es eine ganze Reihe von Sternen geben könnte, die dieselbe Rektaszension haben. Sobald wir aber noch ein Zahnrad mit 360 Zähnen auf die Achse setzen und messen, wie hoch (wie viele Zähne oder Grade) über dem Horizont der Durchgang durch den Meridian stattfindet, dann haben wir zwei Zahlenangaben, die zusammen nur auf einen Stern passen können. Die Rektaszension und die Deklination (die die Höhe über dem Himmels*äquator* ist, aber aus der gemessenen Höhe über dem Horizont folgt) bilden zusammen den „Ort" des Sterns, der seine Auffindung und astronomische Verwendung ermöglicht. Daß man mit unserem groben Instrument in der Bestimmung von Sternörtern weit kommen würde, wird niemand annehmen. Wenn wir bedenken, daß die Astronomen Zeit und Rektaszensionen nicht in Stunden und Minuten und auch nicht in ganzen Sekunden angeben, sondern sich auch noch um die Zehntel und Hundertstel und sogar Tausendstel der Zeitsekunde bemühen, und daß sie auch die Höhen und Deklinationen nicht in ganzen Graden messen, die bei Kreisteilungen doch schon recht dicht beieinander liegen, sondern bis auf die Zehntel und Hundertstel der Bogensekunden (1 Grad wird in 60 Bogenminuten geteilt, 1 Bogenminute in 60 Bogensekunden), dann werden wir begreifen, warum ein wirklicher Meridiankreis ein so komplizierter Apparat ist (Abb. 17).

Millionen von Sternen sind in Katalogen und auf Karten verzeichnet

Man hat sich zuerst nur mit den hellsten Sternen befaßt und schließlich die Örter der etwa 5000 Sterne bestimmt, die mit dem bloßen Auge sichtbar sind. Damit hat man sich aber nicht zufrieden gegeben, da die Verwendung lichtstarker Fernrohre an den Meridiankreisen auch die Beobachtung schwächerer Sterne zuläßt; im Laufe der Zeit ist die Zahl der Sterne, deren Örter auf diese Weise bestimmt worden sind, auf mehrere hunderttausend angewachsen. Die Sternörter werden zu Katalogen zusammengefaßt; der folgende Ausschnitt zeigt, wie ein solcher Sternkatalog aussieht. Jede Zeile bezieht sich auf einen Stern. Außer seiner Nummer in diesem Katalog findet man in der Spalte Hell. eine Angabe über seine Helligkeit, in den Spalten Rektasz. 1925 und Dekl. 1925 den Ort des Sternes und außerdem noch einige andere Zahlen, mit denen wir uns hier nicht beschäftigen wollen. Gewöhnlich arbeitet man in der astronomischen Praxis mit solchen

Sternkatalogen, für manche Zwecke verwendet man aber auch Sternkarten, die nach den Ortsangaben der Kataloge gezeichnet worden sind. Das gebräuchlichste Kartenwerk dieser Art ist die Bonner Durchmusterung. Sterne, die nicht gerade zu den hellsten

Nr.	BD	Hell.	Rektasz. 1925	Dekl. 1925	Epoche	Beob.
1351	$+26^0 1690$	$9^m,3$	$7^h 54^m\ 9^s,44$	$+26^0\ 25'\ 23'',6$	1918,4	4
1352	$+16\ 1598$	$6\ ,0$	$54\ 14\ ,89$	$+16\ 43\ 18\ ,7$	14,1	2
1353	$+10\ 1677$	$8\ ,3$	$54\ 41\ ,57$	$+10\ 19\ 59\ ,2$	16,8	3
1354	$+51\ 1381$	$8\ ,5$	$54\ 51\ ,76$	$+50\ 52\ 16\ ,6$	19,6	2
1355	$+52\ 1268$	$8\ ,9$	$55\ \ 6\ ,48$	$+51\ 55\ 55\ ,0$	14,1	2

gehören, werden meistens durch ihre Nummer in der Bonner Durchmusterung gekennzeichnet (Spalte „BD" im Katalog); für die in Bonn nicht sichtbaren Sterne des südlichen Himmels haben wir eine „Cordoba-Durchmusterung" und eine „Cape Photographic Durchmusterung".

Es gibt aber am Himmel noch viel mehr Sterne, sehr viel mehr, als sich auf diesem Wege bewältigen ließen. An diese „Masse" geht die Astronomie mit photographischen Mitteln heran. Eine Himmelsaufnahme ist eigentlich eine Karte, auf der das Netz fehlt. Wir können es einzeichnen, wenn wir von einigen Sternen der Aufnahme wissen, welche Rektaszension und Deklination sie haben. Das Einzeichnen des Netzes können wir uns aber auch ersparen und statt dessen einige Messungen ausführen. Wir können z. B. messen, wieviel Millimeter jeder Stern, der uns interessiert, über der Unterkante der Platte liegt, und wieviel Millimeter Abstand er von der linken Seitenkante hat. Wenn wir durch einige Sterne, deren Örter wir schon aus einem Katalog kennen, herausbekommen, was die gemessenen Millimeter am Himmel bedeuten, können wir alle unsere Messungen in die üblichen Angaben übersetzen. Auch diese Messungen gehen nicht ganz so einfach vor sich. Man braucht die Tausendstel oder sogar Zehntausendstel des Millimeters, und die kann man an einem gewöhnlichen Maßstab nicht gut ablesen. Die Meßapparate, die dazu nötig sind, sind vom Zollstock nicht weniger weit entfernt als der wirkliche Meridiankreis von dem von uns aufgebauten Modell (Abb. 18). Die „Photographische Himmelskarte", die kurz vor 1900 begonnen worden ist, ist ein Versuch, die große Menge schwacher Sterne am ganzen Himmel zu katalogisieren. Sie gibt in einer großen Zahl von Katalogen die Örter von mehreren Millionen Sternen und für viele Zonen auch Karten, die unmittelbare Nachdrucke von Himmelsaufnahmen sind.

Der „Palomar Sky Survey" der Geographischen Gesellschaft der Vereinigten Staaten von Amerika geht noch weiter: Vom

Abb. 18. Platten-Meßapparat (Hamburger Sternwarte).

Nordpol des Himmels bis herunter zu dem Teil des Südhimmels, der in Kalifornien noch gesehen werden kann, wird der ganze Himmel mit dem großen Schmidt-Spiegel (Abb. 9) photographiert, einmal ohne Filter, einmal mit Gelbfilter. Die ganze Sammlung von 2 × 1000 Platten wird photographisch auf Papier vervielfältigt und in dieser Form allen Sternwarten zur Verfügung gestellt. Auf diesen Aufnahmen sind viel mehr Sterne vorhanden als auf denen der Photographischen Himmelskarte, wahrscheinlich 500 000 000 Sterne und 10 000 000 ferne Sternsysteme.

Auch der Astronom ist unvollkommen

Was wollen wir nun aber mit diesen Hunderttausenden oder Millionen von Sternörtern anfangen? Es sieht fast so aus, als seien die Astronomen die närrischste Sorte Sammler, die sich ausdenken läßt. Sie haben aber sehr gute Gründe für diese Sammeltätigkeit. Ein Anlaß, der sehr stark zur Festlegung so vieler Sternörter beigetragen hat, hat eigentlich mit den Fixsternen gar nichts zu tun. Man braucht am Himmel ein dichtes Netz von Festpunkten, mit deren Hilfe man den Lauf der Planeten und Kometen verfolgen kann. Diesen Zweck erfüllen die Sternkataloge heute noch, aber sie sind inzwischen lebendig geworden und geben uns wichtige Auskünfte über die Fixsterne selbst. Man hat sich nicht damit begnügt, den Ort eines jeden Sterns einmal zu bestimmen.

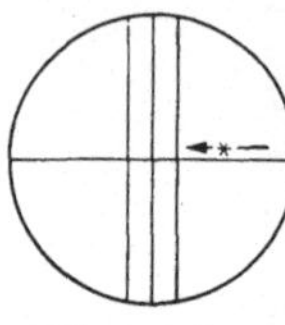

Abb. 19. Stern im Fadennetz.

Der Wunsch, den Ort so genau wie möglich festzulegen, hat dazu geführt, dieselben Sterne von Zeit zu Zeit neu zu beobachten, an derselben oder an verschiedenen Sternwarten. Daß dabei jedesmal dasselbe herauskommt, ist nicht zu erwarten. Die Beobachtung eines Sternorts ist ein komplizierter Vorgang. Wenn das Fernrohr auf die richtige Höhe im Meridian eingestellt ist, tritt der Stern einige Zeit vor seinem Meridiandurchgang in das Gesichtsfeld des Fernrohrs. In der Brennebene des Fernrohrobjektivs, in der das Bild des Sterns von rechts nach links wandert, weil der Stern draußen sich von links nach rechts bewegt, sind mehrere Fäden angebracht (Abb. 19). Wir müssen nun den Augenblick erwischen, in dem das Bild des Sterns gerade über den senkrechten Faden hinweggeht, der unseren Meridian markiert. Selbst wenn man das nicht mit der Taschenuhr in der Hand macht, sondern durch ein elektrisches Signal einen automatischen Vergleich mit einer astronomischen Uhr vollführt, kann der Augenblick von demselben Beobachter von Fall zu Fall etwas verschieden aufgefaßt werden, und zwischen zwei verschiedenen Beobachtern treten erst recht Unterschiede auf. Der hunderste Teil einer Zeitsekunde ist sehr kurz, und einen Spielraum von einigen solchen „Augenblicken" muß man selbst der besten Beobachtung zubilligen. Genau so steht es mit dem zweiten Teil der Ortsangabe. Wir müssen das Fernrohr so um seine Achse drehen, daß der Stern auf dem waagrechten Faden entlangläuft, und dann müssen wir an dem Kreis, der die Drehung mißt, ablesen, welchen Winkel gegen den Horizont unsere Sehrichtung bildet. Man liest die Kreisstellung mit kräftigen Mikroskopen ab, aber auch hierbei bleibt ein Spielraum, in dem die Meßergebnisse schwanken können. Der Beobachter selbst ist aber nicht die einzige Quelle solcher Ungenauigkeiten, die Instrumente tragen auch noch dazu bei, durch Unzulänglichkeiten, die ihnen von der Herstellung her anhaften, und durch Veränderungen, die sie unter dem Einfluß von Wärme und Kälte, Feuchtigkeit und noch anderen Dingen erleiden. Der Kampf gegen alle diese schädlichen Einflüsse macht einen sehr großen Teil der Tätigkeit des praktischen Astronomen aus, denn was wir hier in Bezug auf den Meridiankreis geschildert haben, weil wir zufällig zuerst mit ihm zu tun hatten, gilt in demselben Maße für alle astronomischen Instrumente.

Die Fixsterne stehen gar nicht fest

Durch längeren Umgang mit Sternkatalogen kommt man zu einem Urteil darüber, wie groß die Genauigkeit der in ihnen gegebenen Örter ist, wieviel größer und kleiner also die angegebenen Zahlen sein könnten, ohne daß der Ort als falsch oder anders zu gelten hätte. Bei der Wiederbeobachtung von Sternörtern nach längerer Zeit, nach einigen Jahrzehnten z. B., verhält sich der größere Teil der Sterne noch immer so, es gibt aber auch Sterne, deren Ort entschieden anders ausfällt als bei der ersten Beobachtung, und noch wieder anders, wenn man ihn — wieder nach einigen Jahrzehnten — ein drittes Mal beobachtet. Man sagt von solchen Sternen, daß sie eine *Eigenbewegung* (Abb. 20) haben. Die folgenden Beispiele zeigen, wie das in Zahlen aussieht:

$$
\begin{array}{llll}
\text{Stern ohne Eigenbewegung} & 1890 & 19^{\mathrm{h}}40^{\mathrm{m}}\ 54^{\mathrm{s}},05 & -1^{\circ}\ 46'\ 51'',9 \\
& 1908 & 54\ ,04 & 52\ ,3 \\
& 1919 & 54\ ,02 & 51\ ,9 \\
\text{Stern mit Eigenbewegung} & 1880 & 16^{\mathrm{h}}27^{\mathrm{m}}\ 54^{\mathrm{s}},50 & +3^{\circ}\ 27'\ 52'',1 \\
& 1902 & 53\ ,90 & 47\ ,3 \\
& 1919 & 53\ ,49 & 44\ ,2 \\
\end{array}
$$

Die Sterne behalten also ihren Platz am Himmel nicht so unveränderlich bei, wie wir es bei „Fix"sternen bisher vorausgesetzt haben, sie bewegen sich. Diese Ortsveränderungen sind nur klein und springen nicht in die Augen, wenn man den Himmel in der üblichen Weise betrachtet, und deshalb bedurfte es des langen und umständlichen Weges über die Sternörter und Sternkataloge, um sie zu finden. Seitdem wir den Himmel auf photographischen

Platten aufbewahren können, ist dieser Umweg nicht mehr nötig, wir können die Eigenbewegungen „sehen". Sehen wir uns einmal die beiden Aufnahmen in Abb. 21 an. Es ist nicht schwer, zu sehen, daß sich die Anordnung der Sterne in diesem Teil des Himmels im allgemeinen nicht verändert hat. Wenn wir aber die Mitte ganz genau betrachten, sehen wir, daß mindestens einer von den beiden Sternen nicht an seinem Platz geblieben ist. Diese Eigenbewegung „springt in die Augen", obwohl sie nur 20 Bogensekunden in den 14 Jahren beträgt, die zwischen den beiden Aufnahmen liegen, eine Vollmondbreite also erst nach 1300 Jahren erreichen würde. Um solche Vergleichungen bequem machen zu können, hat

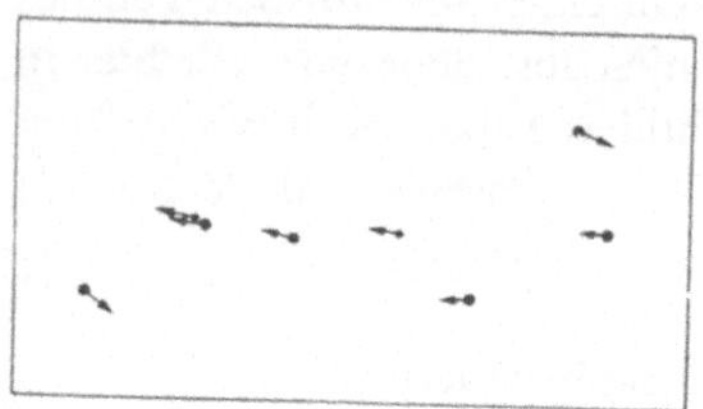

Abb. 20. Die Eigenbewegungen der bekanntesten Sterne im Großen Bären in 50000 Jahren; sechs der Sterne gehören einem Stern„strom" an.

man einen besonderen Apparat konstruiert, den man, weil er zum Vergleichen zweier Platten dient, Komparator nennt (Abb. 22). Man stellt, wie man sieht, die beiden Platten nebeneinander auf. Jede der beiden Platten wird mit einem Mikroskop

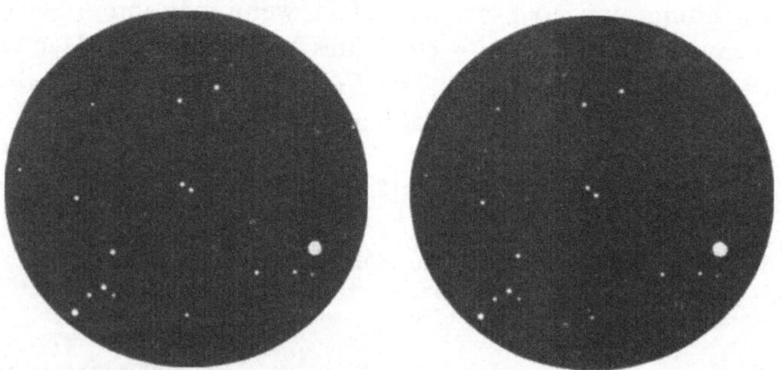

Abb. 21. Ein Fixstern, der nicht auf seinem Platze geblieben ist (Aufnahmen der Sternwarte Heidelberg).

betrachtet. Die Lichtstrahlen werden aber so gelenkt, daß die Strahlen aus beiden Mikroskopen schließlich durch dieselbe Öffnung in das Auge treten. Eine bewegliche Klappe sorgt noch dafür, daß abwechselnd die eine oder die andere Platte verdeckt ist (Blinkkomparator). Wenn man die Platten genau genug aufeinander abgepaßt hat, kann man es erreichen, daß sich das allgemeine Bild beim Umlegen der Klappe nicht verändert. Wenn aber ein Stern im Gesichtsfeld ist, der sich in der Zeit zwischen den beiden Aufnahmen bewegt hat, dann springt er im Tempo des Klappenwechsels hin und her und — dadurch in die Augen.

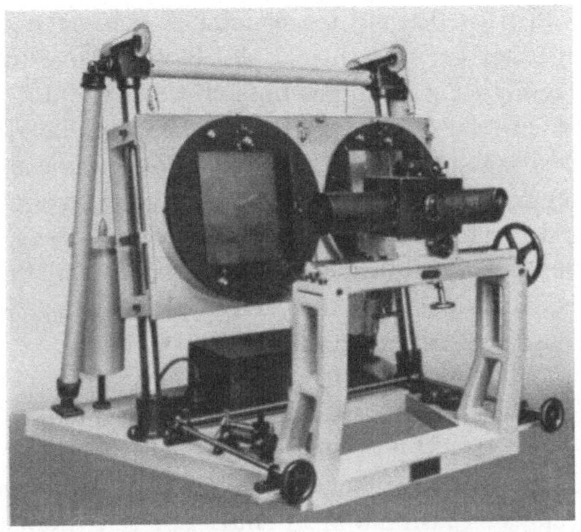

Abb. 22. Ein Komparator der Hamburger Sternwarte.

Die meisten Sterne haben aber sehr kleine Eigenbewegungen, und man muß schon sehr sorgfältig vorgehen, wenn man sie sichtbar machen und messen will. Das einfachste wäre ja, die beiden Platten übereinander zu legen. Es müßte sich erreichen lassen, daß fast alle Sterne zur Deckung kommen; nebeneinander lägen dann die Bilder bei den Sternen, die sich bewegt haben. So ähnlich macht man es auch, nur — wie in allen solchen Fällen — nicht ganz wörtlich. Eine vollkommene Deckung zweier Platten läßt sich gar nicht erreichen, schon deswegen nicht, weil selbst mit demselben Fernrohr zu zwei verschiedenen Zeiten keine vollkommen gleichen Abbildungen des Himmels zustande kommen. Man legt deshalb die Platten besser so, daß überall beide Bilder nebeneinander sichtbar sind, so daß man ihren Abstand messen kann. Was man wörtlich nicht erzielen kann, nämlich die Deckung, muß man dann durch ein Rechnungsverfahren zuwege bringen, das in manchen Fällen sehr einfach und manchmal auch etwas umständlich sein kann, am Ende aber über jeden Stern auf der Platte eine Auskunft gibt, wie er sich in Bezug auf die größere Menge der ruhenden Sterne bewegt hat. Solche Messungen müssen natürlich in einem ordentlichen Meßapparat vor sich gehen.

Die größte Eigenbewegung, die bei einem Fixstern bisher gefunden worden ist, hat ein unscheinbarer, schwacher Stern, der schon weit unter der Sehschwelle des bloßen Auges liegt. Seine Eigenbewegung ist ganz ungewöhnlich groß (10'' im Jahr), und doch würde er nahezu 2000 Jahre brauchen, um die Hinterkante des Himmelswagens zu durchlaufen. Wir geben uns also bei den Eigenbewegungen der Fixsterne mit einer ganz unauffälligen Erscheinung ab, der aber eine sehr weitgehende Bedeutung zukommt. Die Eigenbewegungen belehren uns, daß die Fixsternwelt kein starres Gebilde ist und uns auch nicht so erscheinen würde, wenn wir längere Zeiträume überblicken könnten.

Die kleinen Eigenbewegungen lassen auf große Entfernungen schließen

Die Kleinheit der Eigenbewegungen besagt nicht etwa, daß die Bewegungen der Fixsterne klein sind. Wir sehen doch nur, um welche Winkel sich unsere Blickrichtung im Laufe der Zeit ändert (Abb. 23), und dieser Winkel bedeutet eine ganz verschiedene Strecke im Raume, je nach der Entfernung, in der sich die Bewegung abspielt. Es ist also auch möglich, daß die Sterne mit beträchtlichen Geschwindigkeiten durch den Weltraum fliegen, aber so weit von uns entfernt sind, daß uns ihre Bewegung doch nur klein erscheint. Wir wollen einmal annehmen, daß die Fixsterne sich mit ähnlichen Geschwindigkeiten bewegen wie unsere Erde auf ihrer Fahrt um die Sonne. Das sind etwa 30 km in der Sekunde. In einer Minute würde ein solcher Stern also 1800 km zurücklegen, in einer Stunde rund 100 000 km, in einem Tag $2^1/_2$ Millionen km und in einem Jahre nahezu 1 Milliarde km. Nach unseren Erfahrungen bewegt sich kein Fixstern mehr als 10 Bogensekunden im Jahr von seinem Platz fort (der Vollmond hat einen Durchmesser von 30 Bogenminuten oder 1800 Bogensekunden!). Die tatsächlich zurückgelegte Milliarde Kilometer

erscheint uns also günstigenfalls als ein Winkel von 10 Bogensekunden, und wir wollen uns einmal überlegen, wie weit der
Stern von uns entfernt sein muß, damit das stimmen kann. Wenn
der Winkel w in Abb. 23 nur 10 Bogensekunden groß
wäre (wir können ihn nicht so klein zeichnen), dann
wäre die dazugehörige Strecke v von einem Punkt
nicht zu unterscheiden, so weit unser Papier reicht.
Erst in einer Entfernung von 1 km wäre sie 48 mm
lang, bei 1000 km 48 m, bei 1 000 000 km 48 km, und
wir sehen, daß die Fixsterne mindestens 20 Billionen km
von uns entfernt sein müssen, wenn die von uns vermutete Bewegung von 30 km in der Sekunde mit den
beobachteten Eigenbewegungen in Einklang stehen
soll. Die große Menge der Sterne hat aber sehr viel
kleinere, beinahe unmerkliche Eigenbewegungen; wir
müssen also damit rechnen, daß sie hundert- oder tausendmal so weit entfernt sind.

Abb. 23. Ganz verschiedene Strecken und doch dieselbe „Eigenbewegung".

    Die Eigenbewegungen können uns also nach zwei
Richtungen hin über die Fixsterne Aufschluß geben:
über ihre Bewegungen und über ihre Entfernungen.
Wir wollen uns aber gleich klarmachen, daß sie zu
einer vollständigen Kenntnis dieser Dinge nicht ausreichen. Wenn wir an einem Stern eine Eigenbewegung
von gewisser Größe festgestellt haben, so können wir über seine
wirkliche Bewegung nur dann etwas aussagen, wenn wir seine
Entfernung schon kennen. Außerdem müssen wir noch bedenken,
daß wir nur sehen und messen, was quer zu unserer Blickrichtung

Die zehn größten Eigenbewegungen

Bezeichnung des Sterns	Helligkeit	Eigenbewegung
Barnards Stern	$9^{\mathrm{m}}\!,5$	$10''\!,3$
Kapteyns Stern	9 ,2	8 ,7
Groombridge 1830	6 ,5	7 ,0
Lacaille 9352	7 ,2	6 ,9
Cordoba 32416	8 ,6	6 ,1
61 Cygni A und B	5,6; 6,3	5 ,2
Wolf 359	13 ,5	4 ,8
Lalande 21185	7 ,6	4 ,8
ε Indi	4 ,7	4 ,7
Lalande 21258	8 ,5	4 ,5

vor sich geht. Die drei Bewegungen von ganz verschiedener
Größe und Richtung, die in Abb. 24 eingezeichnet sind, erscheinen
unter demselben Winkel. Zur vollständigen Bestimmung der
räumlichen Bewegungen der Fixsterne muß also noch etwas zu den
Eigenbewegungen hinzukommen (siehe S. 116). Aber auch auf die
Entfernung können wir nicht eindeutig schließen. Sie
läßt sich aus der Eigenbewegung nur dann errechnen,
wenn die räumliche Bewegung des Sterns bekannt ist,
und das ist doch im allgemeinen nicht der Fall.

Die Entfernungen der Sterne

Wir müssen uns also gestehen, daß wir so noch nicht
viel mit unseren kostbaren Eigenbewegungen anfangen
können, sondern zuvor einen Weg suchen müssen, der
uns zur sicheren Kenntnis von irgend etwas, z. B. der
Entfernung, führt. Wir kommen von selbst darauf,
wenn wir uns mit den Eigenbewegungen und den
Sternörtern, aus denen sie abgeleitet werden, genauer
beschäftigen. Es gibt Sterne, die nicht nur alle zehn
oder zwanzig Jahre beobachtet werden, sondern so oft
es möglich ist. Wenn wir einen solchen Stern im
Frühling und Herbst dieses Jahres und wieder im
Frühling des nächsten Jahres beobachten und die ge-
wonnenen Örter vergleichen, so werden sie im allgemeinen übereinstimmen oder eine gleichmäßige Änderung, eine Eigenbewegung, zeigen. Es kann aber
auch sein, daß der Stern vom Frühling bis zum Herbst
seinen Ort in einer bestimmten Richtung um einen kleinen Betrag ändert und im nächsten halben Jahre wieder
an seinen Ausgangsort zurückkehrt. Dieses Pendeln, das
man in der Astronomie als *Parallaxe* bezeichnet, ist eine fast unmerkliche Erscheinung, und die Parallaxenmessung ist eine der schwierigsten Aufgaben der astronomischen Beobachtungstechnik. Was
hat das Pendeln aber zu bedeuten? Wir würden es als eine Eigen-
tümlichkeit der Sterne auffassen können, wenn nicht Ähnlichkeiten
im Pendeln verschiedener Sterne uns nahelegen würden, die Ursache
bei uns selbst zu suchen. Es ist uns ja bekannt, daß der Platz, von
dem aus wir unsere Beobachtungen anstellen, recht beweglich ist.

Abb. 24. Nochmals drei verschiedene Bewegungen, die als „Eigenbewegung" nicht zu unterscheiden sind.

Wir werden einmal jeden Tag wie auf einem Karussell im Kreise herumgeführt, und das ganze Karussell wandert im Laufe des Jahres im Kreise um die Sonne herum. Und von den verschiedenen Punkten dieser großen Kreisbahn visieren wir nach den Fixsternen, wenn wir ihre Örter messen. Wir wollen es in Abb. 25 so abpassen, daß wir gerade zu der Zeit, wo die Erde genau zwischen Sonne und Stern steht (in E_0), den Stern anvisieren. Diese Richtung wollen wir festhalten, während die Erde ihre Reise fortsetzt. Wenn wir in E_2 ankommen, sehen wir den Stern nicht mehr in der festgehaltenen Richtung E_2H (die parallel zu $E_0$1 ist), sondern um einen sehr kleinen Winkel p dagegen verschoben. So groß wie dieser bei E_2 liegende Winkel p, den wir messen, sind auch die anderen durch einen Doppelpfeil bezeichneten Winkel in der Figur, und so begreifen wir, daß die Astronomen als Parallaxe den Winkel bezeichnen, unter dem man vom Stern aus den Halbmesser der Erdbahn sehen würde. Dieser Winkel wird immer kleiner, je weiter der Stern entfernt ist, und so ist die Parallaxe ein Maß der Entfernung.

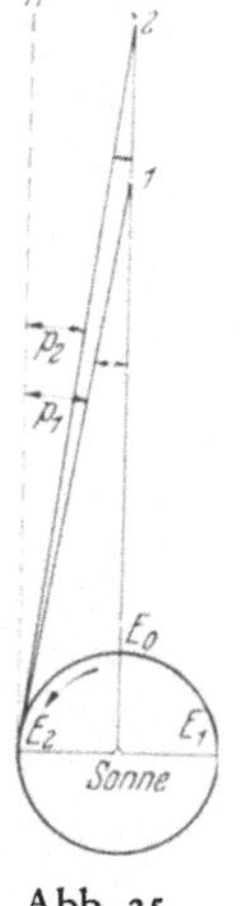

Abb. 25. Jährliche Parallaxe.

Landmesserei auf der Erde und im Weltraum

Es handelt sich übrigens dabei um eine Angelegenheit, die uns unter irdischen Verhältnissen durchaus geläufig ist. Die Entfernung eines Sterns zu messen, ist im Grunde nichts anderes, als was unsere Landmesser täglich ausführen. Wenn es nötig ist, die Lage des Punktes C (Abb. 26) festzulegen, ohne den Fluß zu durchqueren, so schafft man sich eine Standlinie AB und visiert von A und B nach C. Aus der Länge der Basis AB und den Winkeln in A und B ergibt sich durch Zeichnung oder Rechnung die Länge der Strecken AC und BC, also die Entfernung des Punktes C. Bei unserer Landmesserei im Weltraum befördert uns unsere Erde automatisch von dem einen Ende der Basis zum andern, und die Schwierigkeit liegt nur darin, die Winkel genau genug zu messen, die ursprüngliche Richtung so genau „festzuhalten", daß die fast unmerkliche Abweichung am anderen Ende der Basis zutage tritt. Das ist nicht ganz so einfach wie der Ausdruck, den wir dafür gewählt haben, und nur durch schwierige Beobachtungen und umständliche Rechnungen zu verwirklichen. Es handelt sich auch nur bei den Sternen um ein einfaches Hin- und Herpendeln, die in der Erdbahn liegen, am Himmel also auf dem Kreis, den die Sonne im Laufe des Jahres durchläuft; alle anderen beschreiben kleine Ellipsen.

Eine besondere Schwierigkeit wollen wir erwähnen, weil sie gleichzeitig zeigt, daß es den Astronomen wirklich nicht leicht gemacht ist, in die Geheimnisse des Weltraums einzudringen. Versetzen wir uns nochmals in den Punkt E_0 der Erdbahn! Unser

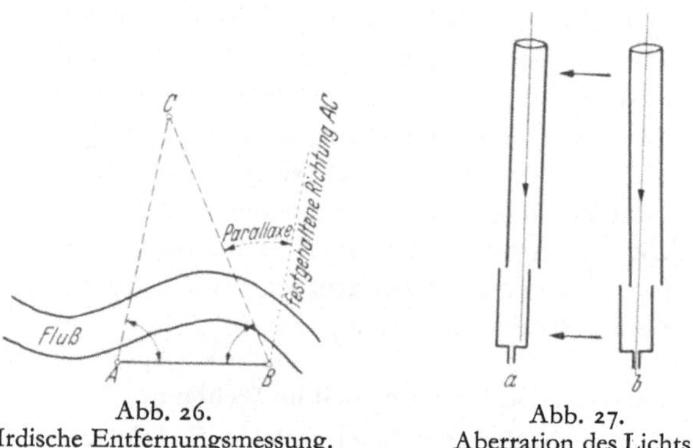

Abb. 26.
Irdische Entfernungsmessung.

Abb. 27.
Aberration des Lichts.

Fernrohr liegt, wie wir annehmen wollen, in der Richtung der Lichtstrahlen, die von dem Stern kommen, durch das Objektiv gehen und im Brennpunkt zum Bilde vereinigt werden. Es genügt uns, den Strahl zu verfolgen, der durch den Mittelpunkt des Objektivs geht: Wenn er im Bildpunkt ankommt, ist das Okularende des Fernrohrs gar nicht mehr dort, da es ja von der Erde inzwischen weggetragen worden ist (Abb. 27a). Wenn wir den Stern sehen wollen, müssen wir dafür sorgen, daß das Okular von vornherein um diesen Betrag zurückbleibt. Wir erreichen das, indem wir das Fernrohr um einen kleinen Winkel drehen (Abb. 27b), womit wir allerdings zugleich dem Stern einen falschen Ort zumessen. Auch diese Erscheinung ist uns nicht fremd. Wir haben alle schon einmal mit Vergnügen oder Sorge aus einem Eisenbahnabteil in den Regen hinausgesehen. Wenn gerade, während der Zug hält, ein senkrecht fallender Regen einsetzt, spritzen die Regentropfen senkrecht an den Fenstern herunter. Sobald sich aber der Zug in schneller Fahrt befindet, spritzen die Tropfen schräg über die Scheiben. Wenn wir jetzt eine Röhre zum Fenster hinaushalten, werden die Tropfen, die oben in die Öffnung hineinfallen, unten nicht wieder herauskommen, solange wir die Röhre senkrecht halten, sondern im Innern gegen die Wand schlagen. Erst wenn wir die Röhre den Tropfen entgegenneigen, erreichen sie unbehindert das untere Ende, und wir müssen unsere Röhre um so schräger halten, je schneller der Zug fährt. Die optische Erscheinung, die Aberration, befolgt dasselbe Gesetz. Der Winkel, um den wir unser Fernrohr „vorhalten" müssen, ist durch das Verhältnis gegeben, in dem die Geschwindigkeiten von Fernrohr (also Erde) und Licht zueinander stehen (im Punkte E_0 30 : 300 000). Er ist nicht sehr groß, aber mit 20 Bogensekunden doch sehr viel größer als die größte Parallaxe, und es ist wohl zu ahnen, welche Schwierigkeiten es machen muß, die kleinere Erscheinung von der Überdeckung durch die große zu befreien. Daß es überhaupt möglich ist, liegt daran, daß in den Punkten E_1 und E_2, in denen die parallaktische Verschiebung ihren größten Betrag erreicht, keine Aberration vorhanden ist, weil sich in diesen Punkten das Fernrohr in der Richtung der Lichtstrahlen bewegt.

Ein passenderes Maß: das Lichtjahr

Wir sind nun nicht mehr auf unbestimmte Schätzungen der Fixsternentfernungen angewiesen, wie wir sie vorher auf Grund der Eigenbewegungen ausgeführt haben. Die Parallaxenforschung liefert uns dafür ganz bestimmte Werte, die ebenso wirklich sind wie irgendeine irdische Entfernung, die auf dieselbe Weise gemessen worden ist. Unsere Schätzungen hatten uns auf recht große Entfernungen geführt, die wirklichen Entfernungen stellen sich aber als noch viel größer heraus. Die größte Parallaxe, die gemessen worden ist, beträgt nur 0,8 Bogensekunden, und die Entfernung, aus der man die 150 Millionen km des Erdbahnhalbmessers unter einem so kleinen Winkel sieht — nämlich wie ein Fünfmarkstück aus 8 km Entfernung —, beträgt 40 Billionen km. Der Stern, der uns so ungewöhnlich nahe ist, ist ein schwacher Stern im Sternbild Zentaur auf der südlichen Hälfte des Himmels.

Der hellste Fixstern des Himmels, Sirius, ist beträchtlich weiter entfernt, nämlich 90 Billionen km.

Es wird niemand behaupten, daß er sich solche Entfernungen vorstellen kann, selbst wenn ihm das Jonglieren mit solchen Zahlen keine Schwierigkeiten macht. Wir gewinnen etwas an Anschaulichkeit und viel an Einfachheit des Ausdrucks, wenn wir uns einen anderen Maßstab wählen als das Kilometer, das für irdische Verhältnisse paßt, da selbst der Umfang der Erde nur 40 000 km lang ist, aber für Weltraumverhältnisse nicht recht ausreicht. Wir schließen dabei an einen Brauch an, der im täglichen Leben sehr üblich ist. Auf die Frage nach der Entfernung des nächsten Briefkastens wird man im allgemeinen nicht antworten: „300 Meter", sondern: „3 Minuten". Die Zeit, die nötig ist, eine Strecke zurückzulegen, ist also zugleich ein Ausdruck für die Strecke selbst. In unserem Erdenleben kommen wir heute nicht mehr immer damit aus, da es nicht in allen Fällen selbstverständlich ist, welches Verkehrsmittel den Maßstab abgeben soll. Für den Weltraumverkehr kommt nur ein Verkehrsmittel in Frage: das Licht. Ein Lichtsignal, das wir eben in den Raum hinaussenden, wird nach einer Sekunde schon in 300 000 km Entfernung gesehen, kurz danach auf dem Mond, nach einer Minute in 18 Millionen km Abstand, nach 8½ Minuten auf der Sonne, und es kommt, wenn es kräftig genug war, nach einem Jahre in einer Entfernung von 10 Billionen km an. Wir wissen, daß wir damit den nächsten Fixstern noch nicht erreicht haben, aber wir haben doch schon ein beträchtliches Stück des Weges zu ihm zurückgelegt. Wenn wir daher die Strecke, die das Licht in einem Jahre zurücklegt, als Maßstab für Weltraumentfernungen einführen, so wird das wahrscheinlich ganz passend sein. Wir nennen diese Strecke ein Lichtjahr, und wie wir vorher ausgerechnet haben, sind das in unserem üblichen Maß rund 10 Billionen km. Wir werden alle Weltraumstrecken in Lichtjahren angeben.

Die hellsten Sterne sind nicht die nächsten

Wir stellen die wichtigsten Sterne, deren Entfernungen durch Messung ihrer Parallaxen bestimmt worden sind, in zwei Listen zusammen. Die eine enthält die Sterne, die uns am nächsten sind, die andere die hellsten Sterne des Himmels, die uns als gute

Bekannte interessieren. Dabei sind die in Klammern gesetzten Entfernungen nicht auf dem beschriebenen Wege abgeleitet worden, sondern nach anderen Methoden bestimmt, auf die wir später eingehen werden.

Die nächsten Sterne

Name	Helligkeit	Entfernung (Lichtjahre)
Proxima Centauri	11,0	4
α Centauri	0,1	4
Barnards Stern	9,7	6
Wolf 359	13,5	8
Luyten 726—8	12,5	8
Lalande 21 185	7,6	8
Sirius	—1,6	9

Wir machen dabei sogleich die Erfahrung, daß die hellsten Sterne nicht zugleich die nächsten sind. Das ist eine wichtige Erkenntnis. Denn das müßte so sein, wenn alle Sterne gleich hell

Die Sterne „I. Größe"

Name	Entfernung (Lichtjahre)	Name	Entfernung (Lichtjahre)
Sirius	9	Atair	16
Canopus	(650)	Beteigeuze. . . .	(270)
α Centauri	4	α Crucis	(220)
Wega	27	Aldebaran . . .	57
Capella.	48	Pollux	30
Arktur	38	Spica	(300)
Rigel	(540)	Antares	(160)
Prokyon	11	Fomalhaut. . . .	27
Achernar	72	Deneb	sehr groß
β Centauri	91	Regulus	80

strahlen würden. Daß es nicht so ist, ist ein Hinweis darauf, daß die Fixsterne sehr verschiedene Leuchtkraft haben können. Ein Stern, der uns sehr hell scheint, kann geringere Leuchtkraft haben und uns sehr nahe sein (wie z. B. Sirius) oder bei großer Leuchtkraft sehr weit entfernt sein (z. B. Canopus). Es wäre für unsere Zwecke sehr viel bequemer, wenn alle Fixsterne ungefähr dieselbe Leuchtkraft hätten. Ihre Helligkeit würde uns eindeutig sagen, wie weit sie entfernt sind. Wir wüßten für alle sichtbaren Sterne, wo sie im Weltraum stehen, und wir wären von dem erstrebten

Modell der Fixsternwelt nicht mehr weit entfernt. So, wie die Dinge tatsächlich liegen, werden wir weite Umwege machen müssen, um an dieses Ziel zu kommen.

Natürliche Grenzen

Vorläufig müssen wir damit zufrieden sein, daß wir wenigstens über unsere nächste Umgebung Bescheid wissen. Es handelt sich allerdings nur um die allernächste Umgebung, denn die größten Entfernungen, die man nach der Landmessermethode einigermaßen sicher bestimmen kann, betragen etwa 150 Lichtjahre, und das ist nicht viel. Wir wollen uns aber auch gleich klarmachen, daß diese Grenze sich nur noch wenig und langsam hinausschieben lassen wird. Wir erinnern uns, daß die Entfernung durch den Winkel gemessen wird, um den ein Stern sich am Himmel verschiebt, während die Erde uns von einem Punkte ihrer Bahn zum entgegengesetzten bringt. Dieser Winkel wird immer kleiner, je größer die Entfernung wird, und er wird schließlich so klein, daß die Fehler, die sich in die Beobachtung einschleichen, ebenso groß werden wie der Winkel, der gemessen werden soll. Was das bedeutet, wollen wir uns mit Hilfe einiger Zahlen deutlich machen: Wir wollen annehmen, daß wir mit einem Stern zu tun haben, der $3^1/_4$ Lichtjahre von uns entfernt ist. Der Winkel, den wir zu messen haben, ist in diesem Falle 1 Bogensekunde groß. Es ist uns nicht möglich, den Winkel ganz genau zu messen. Unsere Messung kann 1,1 oder auch 0,9 Bogensekunden ergeben, also vom wahren Wert um 10 Prozent abweichen. Die Entfernung, die wir aus unserer Messung ableiten, kann daher auch um 10 Prozent falsch werden. Sie kann 2,9 oder 3,5 Lichtjahre ergeben statt der richtigen 3,2. Das ist keine grobe Verfälschung und wird für die meisten Zwecke keinen Unterschied bedeuten. Ganz anders wird es aber, wenn wir eine Entfernung von 32 Lichtjahren messen wollen. Die Parallaxe beträgt dann nur 0,1 Bogensekunden, und da unsere Beobachtungsfehler auch jetzt eine Abweichung von 0,1 Bogensekunden nach jeder Seite verursachen können, können unsere Messungen ebensogut 0,0 wie 0,2 Bogensekunden ergeben. Einer Parallaxe von 0,2 Bogensekunden entspricht aber eine Entfernung von 16 Lichtjahren (statt 32), und zu der Parallaxe 0,0 Bogensekunden gehört sogar eine unendlich große Entfernung, und es ist leicht einzusehen, daß die Genauigkeit unserer Beobachtungen eine Grenze setzt, über die wir beim besten Willen nicht hinauskommen können. Man kann Parallaxen heute genauer messen, als wir eben angenommen haben, aber größere Entfernungen als 150 Lichtjahre können wir nicht verbürgen. Durch weitere Verbesserung unserer Meßinstrumente und der Beobachtungsmethoden wird die Beobachtungsgenauigkeit allmählich noch weiter gesteigert werden, doch nicht in solchem Maße, daß sich dadurch das für direkte Entfernungsmessungen zugängliche Gebiet noch wesentlich vergrößern könnte.

Es gibt noch ein anderes Mittel, die Genauigkeit der Entfernungsmessungen zu steigern und die Messung größerer Entfernungen zu ermöglichen: man wählt eine größere Basis ! Wenn wir auf einen der äußeren Planeten übersiedeln könnten, die in sehr viel größeren Abständen um die Sonne laufen, so hätten wir eine 5fache (bei Jupiter) oder sogar 30fache Basis (bei Neptun) zur Verfügung. Da wir aber bis auf weiteres noch auf solche Ausflüge werden verzichten müssen, bildet die Erdbahn mit ihrem Durchmesser von 300 Millionen km für uns eine natürliche Grenze.

Erfahrungen des täglichen Lebens

Wir haben, um uns den Begriff der Parallaxe anschaulich zu machen, unsere Fahrt um die Sonne mit einer Karussellfahrt verglichen. Das entspricht auch den natürlichen Verhältnissen. Eine Karussellfahrt ist aber nicht etwa das einfachste und klarste Mittel, unter irdischen Bedingungen Parallaxen zu *sehen*. Dazu ist nicht nur unnötig, sondern sogar verwirrend, wenn wir uns im Kreise herumführen lassen. Wir tun besser daran, uns in einen Eisenbahnzug zu setzen und zum Fenster hinauszusehen. Was wir da während der Fahrt sehen, ist uns ganz geläufig: die Landschaft bewegt sich wie eine Drehbühne. Was in der Nähe der Bahnlinie ist, fliegt an uns vorbei, Gegenstände in größerer Entfernung wandern gemächlich, und der ferne Hintergrund steht beinahe still. Die Abb. 28 und 29 zeigen uns, wie das zustande kommt. In Abb. 28 sind die Punkte 1, 2, 3, 4 Stellen der Strecke, an die wir in unserem Zuge nacheinander kommen. *H* soll ein Haus sein, das in einiger Entfernung mitten im freien Felde steht. Ganz hinten in der Landschaft nehmen wir eine Landstraße an, deren

Bäume wir noch voneinander unterscheiden können. Wir sehen dann, während wir von 1 nach 4 fahren, wie das Haus in der entgegengesetzten Richtung von einem Baum der Straße zum anderen wandert, von B 1 über B 2 und B 3 nach B 4. Der Winkel bei H (in dem Dreieck mit den Eckpunkten 1,4 und H) ist die Parallaxe des Punktes H in Bezug auf die Basis 1—4, und wir sehen aus der Figur, daß wir diesen Winkel und die Entfernung des Hauses H von der Bahnlinie bestimmen können, wenn wir die Strecke 1—4 feststellen und die beiden Winkel bei 1 und 4 messen, also die

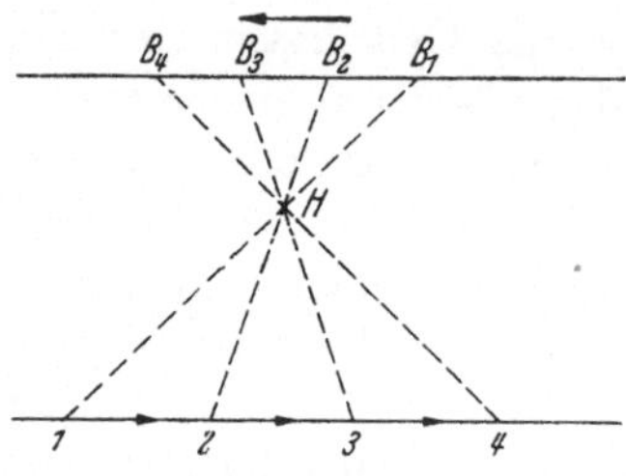

Abb. 28.
Fortschreitende Parallaxe.

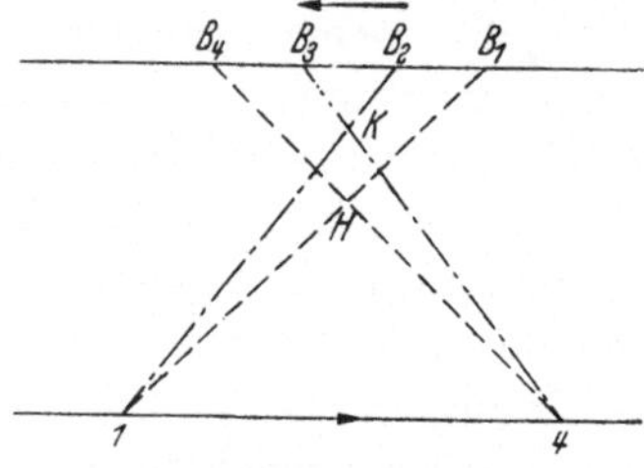

Abb. 29.
Abhängigkeit der parallaktischen
Verschiebung von der Entfernung.

Winkel zwischen der Bahnlinie und den Richtungen, in denen wir das Haus von den Endpunkten 1 und 4 aus sehen. Wenn wir nämlich eine Strecke 1—4 von bestimmter Länge auf Papier zeichnen oder sonst irgendwie und irgendwo festlegen und an jedem Ende einen bestimmten Winkel antragen, dann geben die freien Schenkel der Winkel nur einen einzigen Schnittpunkt H, der dadurch vollkommen bestimmt ist. In der Abbildung 29 sind nur zwei Punkte unserer Fahrstrecke eingezeichnet, aber außer dem Haus noch eine weiter entfernte Kirche K. Die Kirche wandert ebenso (von uns aus gesehen) auf dem Hintergrund von Baum zu Baum, aber nur vom 2. zum 3., während das Haus vom 1. bis zum 4. wandert: Der größeren Entfernung entspricht die kleinere scheinbare Verschiebung. Das ist nur das, was wir uns bei den Betrachtungen über Entfernungsbestimmungen schon klargemacht haben. Wir gewinnen aber durch unsere Eisenbahnfahrt eine neue Einsicht: Die parallaktischen Verschiebungen werden für dasselbe Objekt immer größer, je weiter wir unsere

Fahrt fortsetzen. Wenn wir uns Zeit genug lassen, haben wir Aussicht, daß auch die Verschiebungen sehr ferner Objekte über der Schwelle unserer Meßwerkzeuge erscheinen.

Wir suchen und finden ähnliche Erscheinungen am Himmel

Was nützt uns aber diese Einsicht? Ihre Anwendung setzt voraus, daß wir unaufhörlich mit erheblicher Geschwindigkeit in derselben Richtung durch den Fixsternraum gefahren werden, und dessen sind wir uns bis hierher noch nicht bewußt geworden. Es ist aber wirklich so. Unsere Erde läuft zwar im Kreise um die Sonne herum, und die anderen Planeten machen es ebenso, aber das ganze Sonnensystem befindet sich auf großer Fahrt. Es wandert seit unübersehbarer Zeit mit einer Geschwindigkeit von rund 20 km in der Sekunde durch den Raum und legt schon in erlebbaren Zeiten gewaltige Strecken zurück: in der Stunde 72 000 km, im Jahre 600 Millionen km.

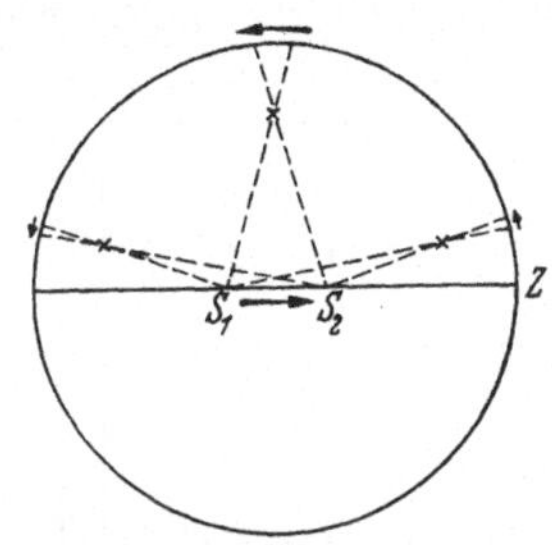

Abb. 30. Durch die Bewegung der Sonne hervorgerufene parallaktische Bewegungen am Himmel.

Das macht es uns möglich, an den Sternen die wachsenden parallaktischen Verschiebungen zu beobachten, die wir uns am irdischen Beispiel veranschaulicht haben, und wir müssen uns nun überlegen, wie das am Himmel aussehen wird.

Unsere Bewegung geht in einer geraden Linie vor sich, aber der Hintergrund, auf dem wir die parallaktischen Verschiebungen sehen und abschätzen, verhält sich etwas anders als die Landstraße in unserem irdischen Beispiel. Der Himmel erscheint uns überall rund, und es ist für unsere augenblicklichen Absichten völlig berechtigt, ihn als eine große Hohlkugel anzusehen. Durch die Abb. 30 können wir uns die Erscheinungen am Himmel klarmachen. Es sind da drei Sterne eingezeichnet, die gleich weit von uns entfernt sein sollen. Sie liegen aber in bezug auf den Zielpunkt unserer Bewegung (Z) an verschiedenen Stellen des Himmels: der eine liegt „vor uns", der zweite „querab" und der dritte „hinter uns". Alle drei erleiden, während uns die Sonne von 1 nach 2 bringt, eine scheinbare Verschiebung in derselben Richtung:

weg vom Zielpunkt unserer Bewegung. Die Verschiebung
ist am größten querab von unserer Bewegungsrichtung und ganz
klein in der Umgebung des Zielpunktes und seines Gegenpunktes.
Die drei Bilder der Abb. 31 zeigen schematisch, wie sich die parallaktischen Verschiebungen der Sterne in der Umgebung des Zielpunktes und des Herkunftspunktes unserer Bewegung und in dem
mitten dazwischen liegenden Himmelsgürtel gruppieren. Wenn
unsere Geschwindigkeit größer wäre, würden wir den Eindruck
haben, daß die Sterne vor uns auseinanderweichen, um uns Platz

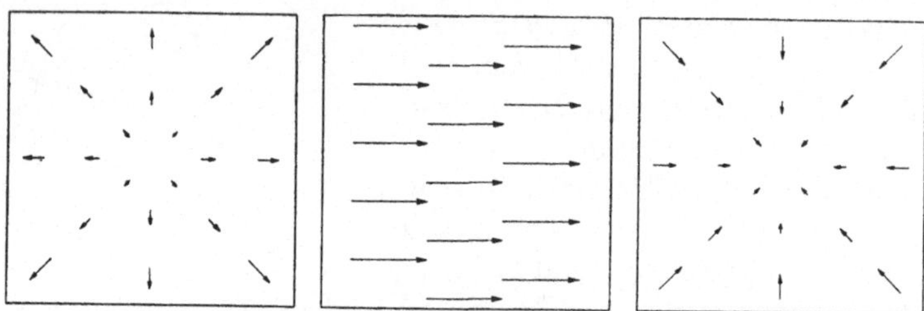

Abb. 31. So sehen wir die Sterne sich bewegen (schematisch gezeichnet),
während wir mit der Sonne zwischen ihnen hindurchfahren: vor uns (links),
hinter uns (rechts) und in dem mitten dazwischen liegenden Himmelsgürtel.

zu machen und recht schnell an uns vorbeizukommen, und sich
hinter uns wieder zusammenschließen. Nur ein Stern, der genau
vor uns auf unserem Wege stände, würde nicht ausweichen. Wir
können denselben Eindruck gewinnen, wenn wir im Kraftwagen
durch einen Wald fahren. Die Bäume treten vor uns langsam auseinander, ziehen querab schnell an uns vorbei und schließen sich
langsam hinter uns wieder zu einem ruhenden Wald zusammen.
Sollte ein Baum mitten auf der Straße stehengeblieben sein, dann
spiegelt er unsere Bewegung nicht in dieser Form wider. Wir
merken aber auf andere Art, daß wir ihm näher kommen, und
eine solche zweite Möglichkeit, unsere Bewegung aus den Sternen
zu erschließen, werden wir später auch noch kennenlernen (S. 116).
Wir haben die Bewegung unseres Sonnensystems durch den
Fixsternraum als Tatsache hingenommen und uns klargemacht,
wie sie sich am Himmel widerspiegeln muß. Der Gang der Erkenntnis war umgekehrt. An den parallaktischen Verschiebungen
der Sterne hat man die Bewegung der Sonne erkannt, aus ihrer

Verteilung und Größe Richtung und Geschwindigkeit der Bewegung bestimmt. So einfach, wie es nach unserer Schilderung scheinen könnte, ist das aber nicht vor sich gegangen. Die parallaktischen Verschiebungen erscheinen uns als Eigenbewegungen der Sterne, und wir haben früher gesehen, wie sich die Eigenbewegungen durch wiederholte Beobachtungen der Sternörter ergeben. Daß die kleinen Bewegungen sich nur schwer aus den Beobachtungsfehlern herausschälen lassen, stört uns jetzt nicht so sehr, denn wir können ja warten, bis sie groß genug geworden sind. Viel ernster ist die Schwierigkeit, die uns die Sterne selbst bereiten. Ständen sie unbeweglich fest an ihren Plätzen im Weltraum, dann würden die parallaktischen Verschiebungen klar und deutlich zum Vorschein kommen. Sie sind aber nicht in Ruhe, ebenso wenig wie unsere Sonne. Genau wie sie zieht jeder von ihnen mit größerer oder kleinerer Geschwindigkeit in irgendeiner Richtung dahin, und wir stehen infolgedessen einem kunterbunten Durcheinander von Eigenbewegungen gegenüber, das wir erst entwirren müssen, um zu den parallaktischen Verschiebungen zu kommen. Mit etwas Geduld und Geschicklichkeit läßt sich das aber machen, wenn wir annehmen können, daß die Bewegungen der Sterne *regellos* vor sich gehen, daß „kein System" in diesen Bewegungen steckt. Kennen wir auf einem Fleck des Himmels, so groß wie der Große Bär oder der Orion, die Eigenbewegungen von ein paar Dutzend Sternen, so haben wir sie alle zusammenzulegen, einen Durchschnittswert zu bilden. Was regellos, also bei einem jeden der Sterne anders ist, hebt sich bei einem solchen Verfahren auf und verschwindet; was den zusammengeworfenen Sternen gemeinsam anhaftet, die parallaktische Verschiebung, wird durch den Mittelwert ausgedrückt.

Wie steht es nun aber mit der Entfernungsbestimmung, die wir doch auf diesem Wege weitertreiben wollten? Nun: große Parallaxen bedeuten kleine Entfernungen und kleine Parallaxen große Entfernungen, und wenn wir die Raumbewegung unserer Sonne vorher bestimmt haben, können wir die Entfernungen berechnen. Was wir erstrebten, ist damit erreicht: Über je längere Zeiten wir unsere Beobachtungen erstrecken, desto länger wird unsere Basis, und desto größere Entfernungen können wir bestimmen. Aber die Methode gibt uns keine Möglichkeit, die Entfernung eines einzelnen Sterns zu bestimmen. Da wir eine Mittelbildung über eine große Zahl von Sternen vornehmen müssen, um die eigenen Bewegungen der Sterne zu unterdrücken, so erhalten wir auch immer nur die Entfernung für eine solche Gruppe von Sternen, und das kann nur dann einen handgreiflichen Sinn haben, wenn man die Zusammenfassung schon so vornimmt, daß die Sterne einer Gruppe im großen und ganzen dieselbe Entfernung haben. Wir sind hier auf eine *statistische* Methode gestoßen; diese Methoden sind äußerst wichtig, ihre Handhabung setzt aber viel Sachkenntnis und Geschicklichkeit voraus, wenn sie zu Erkenntnissen und nicht zu Fehlschlüssen führen sollen.

Doppelsterne

Was uns die Eigenbewegungen über die wirklichen Bewegungen der Sterne sagen, wird uns erst später, im Zusammenhang mit anderen Beobachtungsergebnissen, ganz deutlich werden. Hier wollen wir nur feststellen, daß die wirklichen Querbewegungen der Sterne, die übrigbleiben, wenn wir aus den beobachteten Eigenbewegungen die periodischen und die fortschreitenden parallaktischen Bewegungen (und natürlich auch die Aberration) herausgenommen haben, ganz allgemein geradlinig und gleichmäßig vor sich gehen. Etwas anderes beobachten wir nur, wo zwei Sterne dicht beieinander sind. Das ist nicht überall der Fall, wo wir zwei Sterne dicht beieinander *sehen*, denn in vielen Fällen kann es so sein, daß die Sterne zwar in derselben Richtung, aber einer weit hinter dem andern stehen. Mit der Beobachtung heller Doppelsterne ist schon vor mehr als hundert Jahren begonnen worden, und die heutigen Verzeichnisse enthalten mehr als 20 000 solche Sternpaare. Man legt die Stellung der beiden Sterne zueinander fest, indem man ihren „Abstand" mißt und den Winkel, den ihre Verbindungslinie mit der Richtung zum Nordpol des Himmels bildet. (Der Abstand der Bilder der Sterne in der Brennebene des Fernrohrs oder auf der photographischen Platte ist eine Strecke, die man z. B. in mm messen kann, auf den Himmel übertragen bedeutet er aber einen Winkel zwischen zwei Richtungen und wird in Bogensekunden angegeben.)

Bei der weitaus größeren Mehrzahl von Doppelsternen ergibt sich bei allen Messungen immer wieder dieselbe Stellung. Das kann bedeuten, daß die beiden Sterne mit der gleichen Geschwindigkeit nebeneinander durch den Raum ziehen, und das kommt sogar bei nicht so eng benachbarten Sternen und ganzen Gruppen von Sternen vor. Bei den schwächeren Doppelsternen bedeutet es aber meistens, daß beide Sterne zu weit von uns und auch voneinander entfernt sind. Dann erfolgt ihre Bewegung umeinander so langsam, daß wir erst in hunderten von Jahren sie zu erkennen hoffen können. Es gibt aber auch Fälle, in denen es sich lohnt, die zu verschiedenen Zeiten gemessenen Stellungen

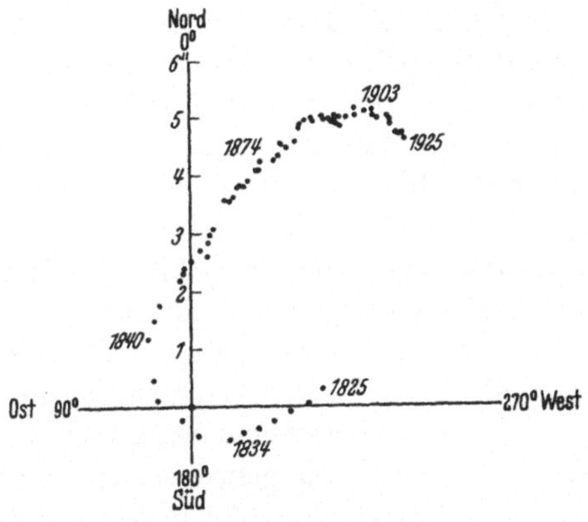

Abb. 32. Beobachtungen des Doppelsterns γ Virginis von 1825 bis 1925.

aufzuzeichnen. Die Abb. 32 gibt ein solches Bild für den Doppelstern γ Virginis. Hier hat der eine der beiden Sterne in den 100 Jahren, über die sich die Beobachtungen erstrecken, mehr als einen halben Umlauf um den anderen ausgeführt. Eine noch vollständigere Bahn ist nur in wenigen Fällen beobachtet; aber es genügt uns auch schon ein solches Stück zur Bestimmung der Bahnform und der Umlaufszeit, weil wir wissen, daß zwei Massen sich nur in Kreisen oder Ellipsen umeinander bewegen können. Wir müssen aber bedenken, daß wir in den meisten Fällen nicht senkrecht auf die Bahn blicken, sie also auch nicht in ihrer wahren Gestalt sehen. Es ist aber möglich, das Bild zu entzerren und Gestalt, Lage und Größe (im Winkelmaß!) der wahren Bahn daraus abzuleiten. Bei etwa 250 Doppelsternen reichen heute die

Beobachtungen zu einer Bahnbestimmung aus; die Umlaufszeiten, die sich dabei ergeben, liegen zwischen einigen Jahren und einigen Jahrhunderten.

Wir können die Sterne mit unserer Sonne vergleichen

Sobald es uns bei einem Doppelstern dieser Art gelingt, seine Entfernung zu bestimmen, können wir den Durchmesser seiner Bahn in Kilometer umrechnen. Das ist von großer Bedeutung, weil sich daraus im Zusammenhang mit der Umlaufszeit nach einem Gesetz der Mechanik die Gesamtmasse des Doppelsterns ergibt (im Vergleich mit der Masse der Sonne) und dies der einzige Weg ist, auf dem wir überhaupt zu einer Kenntnis von Sternmassen kommen können. Wie sich die Gesamtmasse auf die beiden Sterne verteilt, wieviel Materie also der einzelne Stern enthält, wissen wir damit allerdings immer noch nicht, aber in gewissen Fällen ist auch die Aufteilung der Masse möglich:

In dem abgebildeten Falle von γ Virginis sind die beiden Sterne gleich hell; es ist also ganz gleich, welchen wir als ruhend betrachten. Wo die Helligkeiten verschieden sind, sieht man gewöhnlich den helleren als den ruhenden Hauptstern an und mißt von ihm aus die Stellung des schwächeren Begleiters. Wenn wir aber die Messungen umgekehrt anfangen, also den schwächeren als ruhend annehmen und die Stellung des helleren in Bezug auf ihn messen, dann erhalten wir ebenso richtig einen Umlauf des helleren um den schwächeren. Wir können diese relativen Bahnen durch absolute ersetzen, wenn wir die Örter der beiden Sterne an einem Meridiankreis oder auf einer photographischen Platte zusammen mit denen wirklich ruhender Fixsterne bestimmen. Wir finden dann als ruhenden Punkt einen Punkt zwischen den beiden Sternen (Schwerpunkt des Systems) und für jeden der Sterne eine Bahn um diesen ruhenden oder gleichförmig wie andere Sterne wandernden Schwerpunkt. Diese beiden Bahnen können verschieden groß sein, und darin drückt sich das Verhältnis ihrer Massen aus, das uns in Verbindung mit der Gesamtmasse die Einzelmassen zu berechnen erlaubt. Es kann übrigens auch vorkommen, daß wir durch solche Beobachtungen bei einem Einzelstern Ortsveränderungen feststellen, die eine elliptische Bahnbewegung und damit das Vorhandensein eines unsichtbaren

Begleiters verraten. So sind die schwächeren Begleiter der hellen Sterne Sirius und Prokyon auf Grund solcher Vorhersagen gesucht und schließlich auch gefunden worden. Bei einigen Doppelsternen verlaufen die Bewegungen nicht rein elliptisch; das läßt einen dritten oder sogar vierten Stern vermuten und gelegentlich auch errechnen.

Massen einiger Doppelsterne

Stern	Umlaufszeit (Jahre)	Massen der beiden Sterne	
Capella.	0,3	4,0 × Sonne	3,6 × Sonne
Sirius	50	2,2	1,0
Prokyon	40	1,4	0,4
ξ Bootis	151	0,5	0,5
Krüger 60	44	0,3	0,2
85 Pegasi	26	0,5	0,4
61 Cygni	720	0,6	0,6

II. Die Helligkeit

Helligkeitsunterschiede

Die Sterne sind nicht alle gleich hell. Wie wollen wir aber die Helligkeit zweier Sterne miteinander vergleichen? Es ist, wenn man zwei Sterne ansieht, meistens nicht schwierig zu sagen, welcher der hellere ist. Es ist aber kaum möglich zu sagen, daß der eine Stern doppelt oder dreimal so hell sei wie der andere. Leichter zu lösen ist schon die Aufgabe, einen dritten Stern zu finden, der nach seiner Helligkeit mitten zwischen die beiden anderen gehört. Auf diesem Wege können wir auch weitergehen und zwischen den ersten und dritten und zwischen den dritten und zweiten je einen Stern einschieben. So kommen wir zu einer Helligkeitsleiter mit lauter gleich hohen Stufen. Und wenn ein Beobachter lange genug solche Einstufungen vorgenommen hat, dann prägt sich ihm seine „Stufe" so stark ein, daß er beim Anblick zweier Sterne, die nicht gar zu verschieden sind, zu schätzen vermag, um wie viele Helligkeitsstufen sie sich voneinander unterscheiden. Das ist die natürliche Methode der Helligkeitsschätzung, und in dieser Weise werden auch heute noch eine große Menge von Helligkeitsbestimmungen vorgenommen.

Der Stufenschätzung haftet aber ein Mangel an: die Helligkeitsstufe ist kein festes Maß, sie bedeutet bei jedem Beobachter einen anderen Helligkeitsunterschied. Diese Unsicherheit können wir dadurch beseitigen, daß wir uns eine feste Stufe besorgen. Wir wollen diesem Zwecke ein halbes Dutzend photographischer Platten opfern, indem wir sie kurze Zeit dem Licht aussetzen und dann entwickeln. Sie sehen danach etwas schwarz aus, und wenn wir hindurchsehen, sieht alles etwas dunkler aus. Die Platten verschlucken von allem Licht, das durch sie hindurchgeht, einen Teil, und wenn sie gleich schwarz geworden sind, alle denselben Teil. Mit dieser Ausrüstung wollen wir einen Versuch am Himmel machen. Wir beobachten zwei Sterne, von denen der eine deutlich heller ist als der andere. Wenn wir eine unserer Platten nehmen und beide Sterne durch sie betrachten, ändert sich der Helligkeitsunterschied nicht, sie werden beide schwächer. Betrachten wir aber nur den helleren durch die Platte, den anderen mit dem bloßen Auge, so wird der Helligkeitsunterschied kleiner. Es mag sein, daß der hellere Stern auch so noch heller erscheint. Dann legen wir zwei Platten aufeinander und betrachten ihn durch die Doppelplatte. Nun möge der hellere Stern genau so hell aussehen wie der schwächere: wir können dann sagen, daß er zwei Stufen heller war. Und wenn wir unsere Platte einem anderen Beobachter in die Hand geben, so wird er zu demselben Ergebnis kommen, denn er benutzt ja nun dieselbe „Stufe". Wir können mit unseren Platten beliebig viele Sterne vergleichen. Überall, wo wir gerade zwei Platten brauchen, um die Gleichheit der Helligkeit herzustellen, haben wir denselben Helligkeitsunterschied. Wir sprechen mit vollem Recht von Helligkeits*unterschieden:* eine Platte, zwei Platten usw., das ist immer ein *Unterschied* von einer Platte. Aber wir wollen uns doch noch genau überlegen, was bei unserem Beobachtungsverfahren vor sich geht.

Nehmen wir einmal an, wir hätten eine ganze Reihe von Sternen vor uns. Der schwächste soll unser Normalstern sein. Der zweite möge so schwach werden wie dieser, wenn wir ihn durch eine Platte ansehen; der dritte werde so schwach wie der Normalstern, wenn sein Licht durch zwei Platten hindurchgeht. Unsere Platten mögen so geschwärzt sein, daß sie die Hälfte des Lichts verschlucken. Die Lichtmenge, die durch eine Platte hindurch kommt, ist also nur noch $^1/_2$ der ursprünglichen Lichtmenge i, also $^1/_2\,i$; was aus der zweiten Platte herauskommt, ist wieder nur noch $^1/_2$ von $^1/_2\,i$, also $^1/_4\,i$; was drei Platten durchsetzt hat, ist noch $^1/_2$ von $^1/_4\,i$, also $^1/_8\,i$ usw. Wenn die Sterne unserer Reihe nun nach Abschwächung durch keine, eine, zwei, drei und mehr Platten sämtlich gleich hell erscheinen, dann muß die ursprüngliche Lichtmenge des zweiten doppelt so groß sein wie die des ersten, die des dritten viermal so groß, die des vierten achtmal so groß usw.:

Stern	1	2	3	4	5	6
Ursprüngliche Lichtmenge	1	2	4	8	16	32
Zahl der Platten	0	1	2	3	4	5
Restliche Lichtmenge	1	1	1	1	1	1

Wir sehen daraus, daß gleichen Stufen unserer Beobachtung nicht gleiche *Unterschiede*, sondern gleiche *Verhältnisse* der Lichtmenge entsprechen. In unserem Beispiel ist das einer Stufe entsprechende Verhältnis $2:1$, weil die Platten so geschwärzt waren, daß sie $^1/_2$ des auftreffenden Lichts verschlucken. Hätten wir Platten gewählt, die statt $50^0/_0$ nur $10^0/_0$ des Lichts verschlucken, so würden in unserem Schema ganz andere Zahlen stehen, unsere Schlußfolgerung würde aber ebenso ausfallen.

Stern„größen"

Es war nötig, diese Überlegungen zu machen, weil unser Auge bei seinen Schätzungen nach demselben Prinzip verfährt und somit alle unsere Beobachtungen über Helligkeitsunterschiede erst in Lichtmengenverhältnisse übersetzt werden müssen, wenn damit etwas über die Lichtquellen, die Sterne, selbst gesagt werden soll. Wir haben seit beinahe 2000 Jahren eine Einteilung der Sterne nach ihrer mit dem Auge geschätzten Helligkeit. Die für das bloße Auge sichtbaren Sterne werden in 6 Klassen eingeteilt. Die hellsten Fixsterne bilden die 1., die schwächsten die 6. Größenklasse. Man spricht nach alter Gewohnheit von Sternen 1., 2., 3., 4., 5., 6. *Größe*, meint aber damit die *Helligkeit*, nicht etwa die räumliche Größe der Sterne! Diese alten Größenklassen sind auch heute noch das Gerippe unserer Helligkeitseinteilung. Als man nämlich dazu überging, die Sternhelligkeiten mit Hilfe von Photometern

(Lichtmeßinstrumenten) zu messen und nach einer festen Helligkeitsskala zu rechnen, richtete man die „Stufe“ der Skala so ein,
daß sie mit der Größenklasse der historischen Skala übereinstimmt.
Es hat sich dabei herausgestellt, daß der Helligkeitsunterschied
von einer Größenklasse ein Intensitätsverhältnis von 2,5 bedeutet,
daß also z. B. ein Stern 1. Größe uns 2,5 mal so viel Licht gibt
wie ein Stern 2. Größe, ein Stern 2. Größe wieder 2,5 mal so viel
wie ein Stern 3. Größe usw. Daraus folgt, daß wir von dem Stern
1. Größe 2,5 × 2,5 = 6,25 mal so viel Licht erhalten wie von dem
Stern 3. Größe. Wenn man diese Rechnung fortsetzt, kommt man
bald zu der Feststellung, daß bei einem Größenunterschied von
fünf Größenklassen das Licht des helleren Sterns etwa 100 mal so
stark ist wie das des schwächeren; 10 Größenklassen bedeuten
ein Verhältnis 10000:1. Diese Bedeutung der „Größen“ müssen
wir für unsere späteren Betrachtungen im Gedächtnis behalten.
Um eine Beziehung zu bekannten Dingen zu haben, wollen wir
uns merken, daß eine 100-Watt-Birne in 10 km Entfernung uns als
Stern erster Größe erscheint.

Wir bezeichnen die Helligkeit nicht mehr durch Angabe der
Größenklasse, in die ein Stern gehört, sondern durch eine Zahl,
genau so, wie wir die Zimmertemperatur als Zahl vom Thermometer ablesen. Es gibt Sterne der Größen 1,0; 2,0; 3,0; 4,0; 5,0;
6,0. Jeweils in der Mitte dazwischen liegen die Sterne von der
Größe 1,5; 2,5;... 5,5 und es gibt auch Sterne von der Größe
1,1; 1,2; 1,3 ... 1,7; 1,8; 1,9 usw. Bei ganz genauen Messungen kommt auch der hundertste Teil der Größenklasse noch zur
Geltung, wodurch dann Angaben wie 1,73 oder 5,69 zustandekommen.

Wir haben übrigens keine Ursache mehr, bei der 6. Größe
stehenzubleiben. Wir können unsere Skala beliebig weit fortsetzen und müssen es ja auch, weil die große Masse der Sterne
viel schwächer ist. Die größten Fernrohre führen uns heute unter
die 20. Größe hinunter, und da liegt das eine, nicht endgültige
Ende unserer Größenskala. Das andere liegt aber auch nicht bei
1,0, denn es gibt auch einige Fixsterne, die heller sind. Die Bezeichnung geht da ebenso weiter wie beim Thermometer: 1,0;
0,9; 0,8 ... 0,1; 0,0; —0,1; —0,2 ... —1,0 usw. (ein Stern von
der Größe —1,0 ist also um 2 Größenklassen heller als ein Stern

von der Größe 1,0). Sehr weit brauchen wir die Skala nach dieser
Seite nicht fortzusetzen, denn Sirius, der hellste Fixstern, hat die
Größe —1,6. Wenn wir aber später einmal auf Größenangaben
wie —5 oder —10 stoßen sollten, dann wissen wir, wie sie in
unsere Skala hineingehören; wir verstehen auch, daß die Helligkeit des Vollmondes in Größenklassen —12, die der Sonne —27
ist. Die Helligkeiten der bekanntesten Sterne sind bereits in dem
Verzeichnis auf S. 17 enthalten.

Helligkeitsmessungen am Fernrohr

Wir haben Wert darauf gelegt, daß unsere Helligkeitsskala
auf *Messungen* beruht, die die genaue Innehaltung der „Stufen"
gewährleisten. Wir müssen uns nun also auch darum kümmern,
wie man solche Messungen anstellt. Unser Plattenverfahren ist
nicht sehr bequem, manchmal wäre es sogar unbrauchbar.
Es kommt doch darauf an, zwei Sterne miteinander zu vergleichen,
zu sagen, wann sie gleich hell sind. Das geht sehr gut, wenn sie
nahe beieinander stehen, weil wir dann leicht mit dem Auge zu
dem zweiten kommen können, bevor wir den Eindruck des ersten
vergessen haben; es wird aber schon recht schwierig, wenn wir
zwei Sterne vergleichen sollen, die in entgegengesetzten Himmelsgegenden liegen. Vor allem muß aber unser Verfahren für die
Fernrohrbeobachtung passen, da doch die große Menge der Sterne
nur mit Fernrohren zu sehen ist. Wir müssen also unsere „Stufen"
oder etwas, was ihnen entspricht, im Fernrohr unterbringen. Wie
man das in der Praxis macht, zeigt uns die Abb. 33. Das Fernrohrobjektiv vereinigt das von dem Stern, den wir gerade beobachten,
kommende Licht in einem leuchtenden Punkte in seiner Brennebene. An der Seite des Fernrohrs bringen wir einen kurzen Stutzen an und an dessen Ende eine kleine Glühbirne. Eine Linse
in dem Stutzen sorgt dafür, daß auch von der Glühbirne ein Bild
entsteht. Damit das auch in der Brennebene des Fernrohrobjektivs
liegt, setzen wir eine schräge Glasplatte in das Fernrohr, die die
von der Glühbirne kommenden Strahlen in die richtige Richtung
wirft. Daß ein Teil des künstlichen Lichts durch die Platte hindurch geht und andererseits ein Teil des von dem Stern kommenden Lichts nicht hindurch geht, sondern nach der Seite geworfen
wird, braucht uns nicht zu stören. Wir sehen so, wenn wir in

das Okular des Fernrohrs hineinsehen, zwei Sterne nebeneinander, den natürlichen und einen künstlichen, und zwar so bequem nebeneinander, wie wir es sonst so leicht nicht treffen werden. Der Vergleich mit dem künstlichen Stern scheint zunächst keinen rechten Sinn zu haben. Wenn wir aber in derselben Weise auch einen zweiten und noch einen dritten Stern an den künstlichen „angeschlossen" haben, dann wissen wir dadurch auch, in welchem Helligkeitsverhältnis zueinander die drei natürlichen Sterne stehen, und das ist der Sinn des Verfahrens. Der künstliche Stern bildet nur die Brücke von einem Stern zum anderen und macht uns von unserem in dieser Hinsicht nicht sehr tüchtigen Gedächtnis unabhängig. Wir müssen nun aber auch noch versuchen, unsere festen Stufen einzubauen, damit wir beim Vergleich der Sterne nicht wieder auf unsere persönlichen Schätzungen angewiesen sind. Es gibt dafür eine sehr einfache und leicht zu handhabende Vorrichtung: den dunklen Keil. In unserer Abb. 33 sitzt in dem Stutzen eine Glasplatte, die aus zwei keilförmigen Teilen zusammengesetzt ist: der eine ist aus durchsichtigem, der andere aus undurchsichtigem Glas.

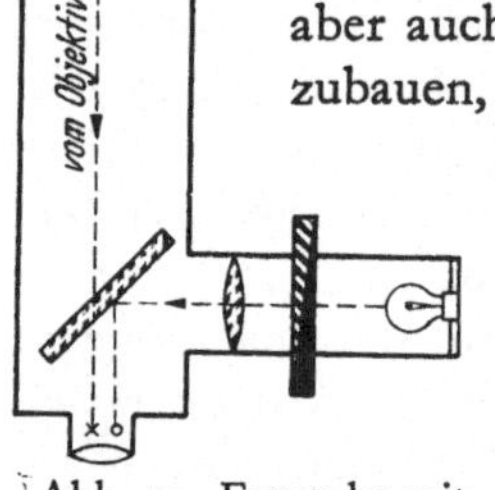

Abb. 33. Fernrohr mit Photometer(schematisch).

Diese Platte (kurzweg Keil genannt, weil es für die Lichtmessung nur auf den undurchsichtigen Keil ankommt) kann (in der Abb. von oben nach unten) verschoben werden. Je nach der Stellung des Keils, die an einem Millimetermaßstab abgelesen werden kann, muß das von der Glühlampe kommende Licht einen mehr oder weniger langen Weg durch das dunkle Glas machen und kommt dementsprechend schwächer oder heller in der Brennebene des Fernrohrs an. Unsere Lichtmessung geht deshalb so vor sich, daß wir den Keil, wenn der natürliche und der künstliche Stern zunächst verschieden hell sind, so lange verschieben, bis der künstliche Stern, der ja dabei seine Helligkeit ändert, genau so hell erscheint wie der natürliche. Das machen wir bei jedem Stern, dessen Helligkeit wir messen wollen, und bei jedem merken wir uns die Ablesung auf der Millimeterskala. Die Unterschiede der Keilstellung geben uns die Helligkeitsunterschiede der Sterne an, in dem dafür üblichen Maß der Größenklassen allerdings erst dann, wenn wir das Übersetzungsverhältnis von Millimetern in Größenklassen für den benutzten Keil festgelegt haben. Das ist eine besondere und sehr wichtige Aufgabe, die sich lösen läßt, indem man Sterne mißt, deren Helligkeitsunterschiede schon bekannt sind, oder auch eine Lichtquelle im Laboratorium, deren Helligkeit man in einer sicher meßbaren Art verändern kann (z. B. durch Änderung des durch die Lampe gehenden Stroms oder durch Änderung einer Öffnung, durch die das Licht gehen muß).

Augen, die besser sehen als die natürlichen

Das Keilphotometer ist nicht das einzige zur Lichtmessung verwendete Instrument, es konnte uns aber am besten dazu dienen, den Charakter solcher Messungen kennenzulernen. Die verschiedenen Vorrichtungen der Photometer dienen dazu, die günstigsten Bedingungen für die Beobachtungen zu schaffen, das entscheidende Urteil über die erreichte Gleichheit der Helligkeit hat aber doch schließlich das Auge abzugeben. Unser Auge ist ein außerordentlich leistungsfähiges Organ; es ist aber für die Bedürfnisse des praktischen Lebens eingerichtet und nicht für astronomische Messungen. Und so können wir uns nicht wundern, daß es nicht ganz die Genauigkeit der Helligkeitsunterscheidung besitzt, die wir für manche Fragen brauchen. Für Messungen von größter Genauigkeit wird deshalb das natürliche Auge durch ein künstliches ersetzt, durch eine „lichtelektrische Zelle" (Abb. 34). Das ist eine Glaskugel, sozusagen ein „Glasauge", in dem sich als „Netzhaut" eine sehr dünne Schicht eines bestimmten Metalls befindet (es kommen in Betracht: Kalium, Natrium, Cäsium, Lithium, Rubidium). Diese Metallschicht ist mit einem Elektrometer verbunden. Solange die Zelle im Dunkeln ist, ereignet sich gar nichts, die Blättchen des Elektrometers hängen schlaff herunter. Sobald aber aus dem Fernrohr Licht auf die „Netzhaut" fällt, strömen Elektrizitätsteilchen (Elektronen) von ihr fort, und da nur negative Elektrizität wegströmt, bleibt ein Überschuß von

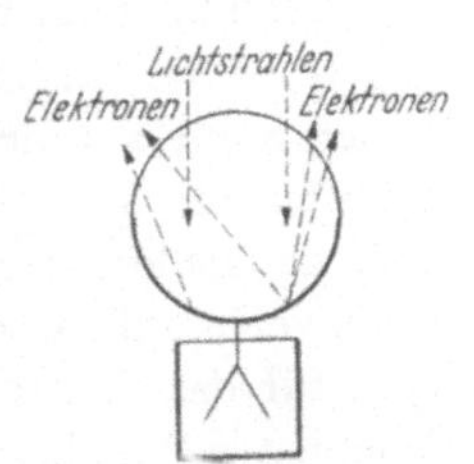

Abb. 34.
Wirkungsweise einer lichtelektrischen Zelle (schematisch).

positiver Elektrizität übrig, und die Elektrometerblättchen schlagen auseinander (weil sie beide positiv geladen sind und sich abstoßen). Die Menge der ausströmenden Elektrizität entspricht genau der Intensität des auffallenden Lichtes. Man mißt also die Helligkeitsunterschiede mit dem Elektrometer und erreicht dabei eine zehnmal so große Genauigkeit wie mit den anderen Photometern.

Wenn man diese Photozellen, die auch beim Tonfilm und beim Fernsehen gebraucht werden, an ein Fernrohr anbaut, kommen dazu noch umfangreiche Hilfsgeräte, die erst die praktische Durchführung der Messung der Sternhelligkeit ermöglichen: Eine Hochspannungsanlage oder eine Reihe von Batterien hoher Spannung, die die vom Licht freigemachten Elektronen so weit beschleunigt, daß ein Strom fließt; weiter braucht man Verstärker und die eigentlichen Meßorgane, die zum Teil selbstschreibend gebaut sind. Diese lichtelektrischen Anordnungen setzen sich immer mehr durch.

Photographische Helligkeitsmessungen

Auch auf den photographischen Aufnahmen des Himmels läßt sich die Helligkeit der Sterne bestimmen. Es ist ja ein Grundzug der Abbildung auf der photographischen Platte, daß helle Gegenstände schwärzer erscheinen als dunkle. So erscheint auch ein heller Stern auf der Platte als ein schwärzerer Klecks als ein schwächerer Stern. Es tritt aber noch ein anderer Unterschied auf: der hellere Stern gibt einen *größeren* Klecks. Das ist nicht selbstverständlich, sondern sogar etwas sonderbar. Denn Fixsterne sind für das Fernrohrobjektiv allesamt unendlich weit entfernte leuchtende Punkte, und die Lichtkegel der einzelnen Sterne treffen die Platte in kleinen Kreisen, die bei hellen und schwachen Sternen gar nicht so verschieden groß sind. Das starke Anwachsen der Bilddurchmesser bei großer Helligkeit des auftreffenden Lichtes oder bei längerer Belichtung kommt erst in der photographischen Schicht zustande und hat zur Folge, daß eine Himmelsaufnahme aussieht wie eine Sternkarte, auf der man die Sterne je nach ihrer Helligkeit verschieden groß zeichnet.

Um Helligkeiten zu messen, haben wir infolge dieser Erscheinung nur die Durchmesser der Bilder, also Längen, zu messen, und das ist sehr bequem. Größere Genauigkeit erreicht man allerdings, wenn man die Schwärzung der Bilder, also die Dichte des Silberniederschlags, mißt. Das ist eine ähnliche Aufgabe wie die Messung der Helligkeit der Sterne am Himmel und wird daher auch mit ähnlichen Apparaten ausgeführt.

Es gibt verschiedenartige Helligkeiten!

Es steht uns also eine ausreichende Auswahl von Hilfsmitteln zur Verfügung, wenn wir Sternhelligkeiten bestimmen wollen, und es kommt scheinbar nur darauf an, in jedem Falle den genauesten und bequemsten Weg einzuschlagen. Wenn wir uns

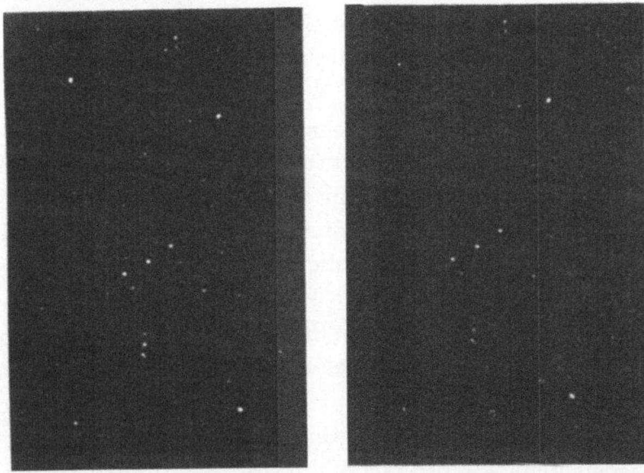

Abb. 35. Das Sternbild Orion, mit einer Kleinbildkamera aufgenommen links auf panchromatischem, rechts auf rotunempfindlichem Film.

in diesem Glauben an die Arbeit machen, erleben wir bald aber sehr merkwürdige Überraschungen. Welcher Art die sind, lehren uns die beiden Teilbilder der Abb. 35, die das Sternbild Orion einmal so zeigen (links), wie das Auge es sieht (man nennt das „visuelle" Helligkeiten), und daneben (rechts) so, wie es auf einer gewöhnlichen (nicht panchromatischen) photographischen Platte erscheint. Der Unterschied der beiden Bilder springt in die Augen. Der Stern links oben (α Orionis, Beteigeuze) ist für das Auge erheblich heller als der rechts oben (γ Orionis), er ist beinahe ebenso hell wie β (Rigel) rechts unten. Auf dem „photographischen" Bild dagegen ist α bei weitem der schwächste von den dreien.

Stern	Visuelle Größe	Photographische Größe
α Orionis	0,9	2,3
β Orionis	0,3	0,3
γ Orionis	1,7	1,5

Was wir hier gefunden haben, ist keine Besonderheit dieser Sterne, sondern stellt sich überall heraus, wo wir Helligkeiten nebeneinander visuell und photographisch messen: wir kommen auf diesen beiden Wegen nicht immer zu demselben Ergebnis. Die Platte *sieht* offenbar *anders* als unser Auge, es fragt sich nur noch, in welcher Hinsicht. Von der Photographie des täglichen Lebens her ist uns bekannt, daß die Farben der Gegenstände durch die Platte anders vermittelt werden als durch das Auge. Alles, was blau oder violett ist, wird zu hell (im Abzug, auf der Platte zu schwarz), und alles Gelbe und besonders alles Rote erscheint zu dunkel. Das Auge ist am empfindlichsten für gelbes Licht, die photographische Platte reagiert am stärksten auf blaues und violettes Licht. Da es uns meistens darauf ankommt, Bilder zu erhalten, die unserer gewöhnlichen Auffassung entsprechen, photographieren wir heute mit Platten und Filmen, die durch besondere Verfahren auch für gelbes und rotes Licht empfindlich gemacht sind. Auch bei Himmelsaufnahmen benutzt man solche Emulsionen, z. B. um visuelle Helligkeiten photographisch zu bestimmen; wenn wir aber von photographischer Helligkeit sprechen, meinen wir die Helligkeit auf gewöhnlichen, für Blau und Violett empfindlichen Platten.

Ist das Licht der Sterne farbig?

Diese Erfahrungen geben uns also eine Erklärung dafür, daß zwei Sterne, die unser Auge für gleich hell erklärt, auf der photographischen Platte verschieden hell sein können, wenn es Sterne *von verschiedener Farbe* gibt. Wer den Himmel nur oberflächlich kennt, wird davon nichts wissen wollen, sondern alle Sterne als „weiß" im Gedächtnis haben. Er nehme sich also einmal etwas mehr Zeit und vergleiche die gerade sichtbaren hellen Sterne in aller Ruhe miteinander. Wenn der Orion gerade am Himmel ist (im Winter), können uns die vorhin angeführten Sterne wieder als Beispiel dienen. Man vergleiche α und β Orionis miteinander!

Wer nicht gerade farbenblind ist, muß sofort sehen, daß β wirklich weiß, α aber rot ist, wenn auch nicht gerade so rot wie die Sperrfarbe der Eisenbahnsignale und Verkehrsampeln; weiß ist auch links unten (vom Orion aus) der Sirius (im Großen Hund), rötlich dagegen rechts oben Aldebaran (im Stier). Am Sommerhimmel sind z. B. Wega (in der Leier), Deneb (im Schwan), Atair (im Adler), die Sterne des langgestreckten Dreiecks, mehr oder weniger weiß, Arktur (im Bootes) und Antares (im Skorpion) rot oder mindestens gelb. Wenn sich jemand finden sollte, der unsere weißen Sterne für blau, die gelben für weiß erklärt und für die von uns tiefrot genannten höchstens ein schwaches Gelb zugibt, so können wir ihm nur sagen, daß er besser sieht als wir anderen. Wenn die Sterne größere Flächen wären (wie der Mond oder auch Jupiter, Saturn und Mars im Fernrohr), dann würden wir alle ihre Farben so sehen, aber bei der Beurteilung schwach leuchtender Punkte verschiebt sich unsere Farbenskala ins Rot hinein.

Endgültige Klärung des Begriffs „Helligkeit"

Es ergibt sich aus diesen Erfahrungen, daß wir nicht einfach von einer „Helligkeit" der Sterne sprechen können. Jeder Fixstern sendet Strahlung von einer bestimmten Stärke aus, die wir als seine Helligkeit bezeichnen könnten, wenn wir in der Lage wären, sie zu messen. Das können wir aber nicht. Die Strahlung muß erst allerlei durchmachen, bis sie schließlich von uns aufgefangen und gemessen wird. Auf dem langen Wege vom Stern bis zur Erde bleibt sie ziemlich unbehelligt; dann muß sie aber durch den Luftmantel der Erde hindurch und durch die Linsen des Fernrohrs und des Auges, um schließlich auf einer photographischen Schicht oder auf dem Metallbelag einer lichtelektrischen Zelle oder auf der Netzhaut zur Geltung zu kommen. Überall wird etwas von der Strahlung verschluckt, und wenn wir auch darauf verzichten, in jedem Falle die Intensität der Strahlung vor ihrem Eintritt in die Erdatmosphäre zu errechnen, so müssen wir doch wenigstens alle Helligkeiten so angeben, wie sie unter verabredeten Normalbedingungen zu messen wären. Man gibt deshalb stets Zenithelligkeiten an, also die Helligkeiten, die die Sterne hätten, wenn sie genau über dem Beobachter ständen, ihr Licht also senkrecht durch die Atmosphäre ginge (wobei es den geringsten Verlust erleidet).

Störender, als daß überhaupt Licht verschluckt (absorbiert) wird, ist, daß diese Absorption nicht gleichmäßig in allen Farben erfolgt, so daß Sterne, die im Zenit gleich hell erscheinen, in der Nähe des Horizontes ungleich werden, wenn sie von verschiedener Farbe sind, und daß bei jedem Stern die photographische Helligkeit bei der Annäherung an den Horizont mehr abnimmt als die visuelle, weil der Stern roter wird. Diese Unterschiede, die bei Beobachtungen dicht über dem Horizont mehrere Größenklassen ausmachen, müssen durch Versuche und Überlegungen festgestellt und dann bei der Überführung der Beobachtungen auf die Normalbedingungen in Rechnung gesetzt werden. Wenn

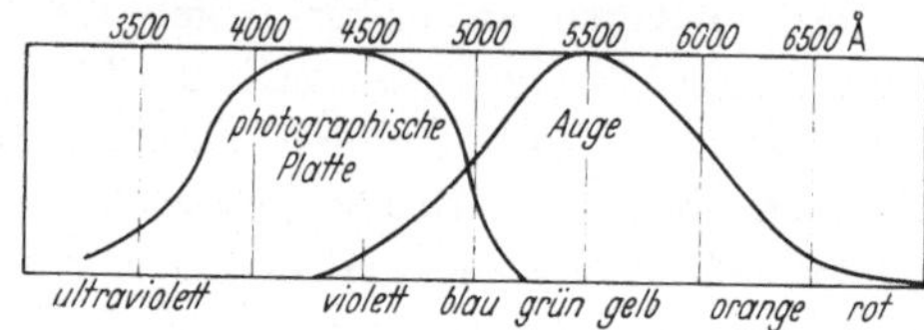

Abb. 36. Empfindlichkeitskurven für das Auge und die rotunempfindliche Platte. Die Höhe der Kurve über der Grundlinie gibt die Empfindlichkeit an.

wir dann wirklich nach solchen Mühen zu einheitlichen Zenithelligkeiten gekommen sind, bleibt aber immer noch die Verschiedenheit der Helligkeiten bestehen, die wir vorhin aufgedeckt haben. Je nach den Mitteln, mit denen wir die Strahlen aufnehmen und messen, kommen wir zu verschiedenen Helligkeiten. Jedes unserer Aufnahmeorgane (Auge, Platte, Zelle) verwertet nämlich nur einen Teil der auffallenden Strahlung, wie es die Empfindlichkeitskurven der Abb. 36 zeigen, und daraus ergeben sich etwas schwierige Verhältnisse, die wir uns wenigstens einigermaßen klarmachen wollen. Nehmen wir einmal an, daß wir zwei Sterne von ganz gleicher Farbe miteinander vergleichen. Die Strahlung dieser Sterne setzt sich aus allen möglichen Farben zusammen, die Verteilung auf die einzelnen Farben ist aber bei beiden Sternen dieselbe, denn sonst könnte die Gesamtfarbe nicht dieselbe sein. Ist nun der eine der beiden Sterne dreimal so hell wie der andere, so ist auch der auf jede Farbe entfallende Anteil an der Strahlung dreimal so groß, und was das Auge davon verwertet, ist ebenfalls bei jeder Farbe und im ganzen bei dem helleren Stern dreimal soviel wie bei dem schwächeren. Genau so ist es aber auch bei

der photographischen Platte. Auch sie zeigt, da ihr der zweite
Stern dreimal soviel in jeder Farbe bietet wie der erste, dreimal
soviel Strahlung an. Wir messen also in jedem Falle richtige
Helligkeiten und können sie auch, wenn wir wollen, übereinstimmend bezeichnen, so daß ein Stern von der visuellen Helligkeit 8,0 auch die photographische Helligkeit 8,0 hat, ein Stern von
der visuellen Helligkeit 10,0 auch die photographische Helligkeit
10,0 usw. Und wenn wir das bei *weißen* Sternen gemacht haben,
dann sind wir sogar im Einklang mit den Abmachungen der

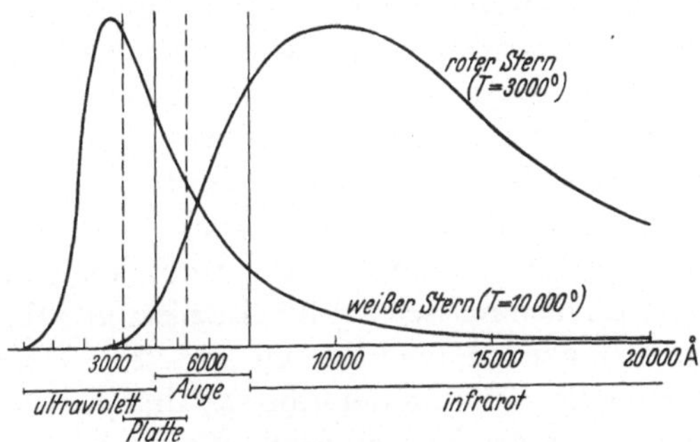

Abb. 37. Strahlungsverhältnisse eines weißen und eines roten Sterns,
die dem Auge gleich hell erscheinen.

Astronomen. Wenn wir aber neben dem weißen Stern von der
Helligkeit 8,0 einen roten Stern haben, den das Auge für gleich
hell erklärt, so sieht er auf der Platte gar nicht ebenso groß und
ebenso schwarz aus wir der weiße Nachbar, sondern erscheint
beträchtlich schwächer, beinahe so schwach wie ein weißer Stern
10. Größe. Warum das so ist, können wir aus der Kurve der
Abb. 37 ablesen. Auf der Grundlinie der Abbildung sind die
Farben angegeben, und zwar in einer Zahlenreihe, deren Bedeutung wir später kennenlernen werden. Wieviel Strahlung bei
jedem der beiden Sterne auf die einzelnen Farben entfällt, wird
durch die Höhe der Kurve über der Grundlinie angegeben. Man
sieht sofort, daß der weiße Stern am stärksten im Ultraviolett
strahlt, der rote Stern dagegen im Infrarot. Auch die Gesamtstrahlung läßt sich aus der Abbildung entnehmen: sie wird
dargestellt durch die Fläche, die von der Kurve und der Grundlinie
eingeschlossen wird. Und der Anteil an der Strahlung, der vom

Auge oder von der Platte verwertet wird, ist der Flächenteil, der zwischen den beiden ausgezogenen (oder gestrichelten) senkrechten Linien liegt, die die entsprechenden Farbenbereiche einschließen. In dem durch die Abbildung dargestellten Beispiel sind die für das Auge in Betracht kommenden Flächen für beide Kurven gleich groß, die beiden Sterne sind daher für das Auge gleich hell. Man sieht aber auf den ersten Blick, daß im photographischen Bereich (zwischen den gestrichelten Linien) der weiße Stern eine viel größere Fläche liefert, weil seine Intensitätskurve dort sehr hoch liegt, während die des roten Sterns sich dort schon der Grundlinie (dem Wert Null) nähert. Die Platte nimmt von dem weißen Stern viermal soviel Strahlung auf wie von dem roten, und das bedeutet, wenn wir Intensitätsverhältnisse in Helligkeiten umrechnen, daß der rote Stern photographisch $1\,^1/_2$ Größenklassen schwächer ist als der weiße Stern.

Es ist uns nun klar, warum unsere photographischen Helligkeiten anders ausfallen müssen als die visuellen, und für die lichtelektrischen Helligkeiten könnten wir dieselben Überlegungen machen. Bei der Betrachtung der Abb. 37 drängt sich aber eine ganz andere Frage in den Vordergrund: Warum messen wir denn nicht die *Gesamt*strahlung, die doch gerade bei dem roten Stern so auffällig groß ist? Nun, möglich ist das auch, es ist aber sehr viel schwieriger und deswegen erst in der letzten Zeit auf Fixsterne anwendbar geworden. Die Möglichkeit beruht darauf, daß alle Strahlung, mag sie für das Auge oder die photographische Platte wahrnehmbar sein oder nicht, überall, wo sie verschluckt wird, in Wärme umgewandelt wird. Es gilt also, Vorrichtungen zu erfinden, die möglichst die ganze Strahlung absorbieren und dann auf irgendeine Weise anzeigen, wieviel Wärme entstanden ist, also sozusagen Thermometer, mit denen wir die Temperatur der Sterne messen können. Das klingt vielleicht etwas sonderbar, sagt aber genau das, was wir vorhaben.

Ein kühner Versuch: die „Wärme" der Sterne mit dem Thermometer zu messen

Wir können ja einmal versuchen, ob wir nicht unsere Absicht mit einem gewöhnlichen Quecksilberthermometer verwirklichen können. Was zeigt uns denn ein solches Instrument an? Wenn wir dem Quecksilber (in der Kugel des Thermometers) Wärme zuführen, dann braucht das Quecksilber mehr Platz als vorher, es muß mehr Quecksilber als vorher aus der Kugel in das Thermometerrohr übertreten, und der Quecksilberfaden, dessen Ende uns die Temperatur angibt, wird länger. In den Fällen, in denen wir Thermometer zu verwenden pflegen, geht die Wärme aus dem Stoff, der die Thermometerkugel umgibt, unmittelbar (durch „Leitung") auf das Quecksilber über (z. B. aus der Luft oder aus dem Wasser, in die wir das Thermometer gehängt haben). Daß aber auch Wärme als Strahlung in das Quecksilber eintreten kann, sehen wir daran, daß ein Thermometer, dessen Kugel von der Sonne beschienen wird, höhere Temperaturen anzeigt als ein Thermometer, dessen Kugel gegen direkte Bestrahlung geschützt ist (Temperatur „in der Sonne" und „im Schatten"). Wir können die Wirkung der Strahlung noch beträchtlich steigern, wenn wir die an und für sich blanke Kugel des Thermometers mit Ruß überziehen, damit sie möglichst wenig Strahlung zurückwirft und möglichst viel verschluckt und in Wärme verwandelt an das Quecksilber weiterleitet. Wir können sogar erreichen, daß wir nur die Wirkung der Strahlung messen und die Wärmeleitung zwischen dem Quecksilber und der Umgebung unterbinden, indem wir das ganze Thermometer in eine luftdichte Glasröhre setzen und aus dieser die Luft herauspumpen (Prinzip der Thermosflasche).

Solche und ähnliche Thermometer sind für die Messung der Sonnenstrahlung im Gebrauch, und es spricht zunächst nichts dagegen, auch die Sternstrahlung damit zu messen. Da die Strahlung, die wir von Fixsternen erhalten, sehr viel schwächer ist als die Sonnenstrahlung, werden wir allerdings an eine Verfeinerung unserer Arbeitsweise denken müssen. Wir werden nicht einfach das Licht eines Sterns auf die berußte Thermometerkugel fallen lassen, sondern ein Fernrohr zu Hilfe nehmen und die Thermometerkugel in den Brennpunkt des Objektivs oder des Spiegels setzen, damit die sehr viel größere Strahlungsmenge ausgenutzt wird, die durch die große Öffnung des Fernrohrs aufgenommen wird. Wir werden auch ein Thermometer mit einer recht kleinen Quecksilberkugel nehmen, weil eine kleine Quecksilbermenge natürlich durch eine bestimmte Wärmezufuhr mehr erwärmt wird als eine große. Wir können uns noch manche Verfeinerung ausdenken, aber wir werden leider nicht dahin gelangen, mit einem Quecksilberthermometer die Strahlung eines Fixsterns nachzuweisen. Die direkt auffallende unverstärkte Sonnenstrahlung kann ein Steigen des Quecksilberfadens um 30^0 über die Lufttemperatur hervorrufen, der hellste Fixstern bringt auch mit Hilfe des großen Mount-Palomar-Spiegels unser Thermometer nicht um ein Tausendstel eines Grades höher. Zur Messung so geringer Wärmemengen müssen wir uns also ein andersartiges Wärmemeßgerät anschaffen, das einer für diesen Zweck ausreichenden Verfeinerung fähig ist. Es gibt mehrere solche Instrumente (Bolometer, Radiometer), wir wollen uns nur eins davon näher ansehen, das Thermoelement, das mit großem Erfolge auf Fixsterne angewendet worden ist.

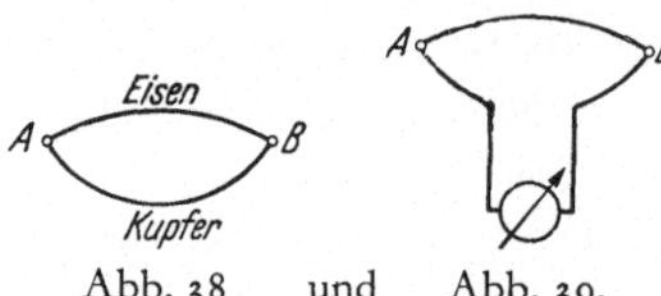

Abb. 38 und Abb. 39.
Schema eines Thermoelements.

Das Thermoelement ist ein elektrisches Thermometer. Es besteht aus zwei Drahtstücken aus verschiedenem Metall (z. B. Eisen und Kupfer), deren Enden zusammengedreht oder verlötet sind (Abb. 38). Wenn wir bei einem solchen Drahtpaar die eine Verbindungsstelle erwärmen (A in der Abbildung), so fließt ein elektrischer Strom durch den Drahtkreis. Würden wir die andere Verbindungsstelle B erwärmen, so würde der Strom in der umgekehrten Richtung fließen. Gefährlich sind die Ströme nicht, die wir auf diese Weise hervorbringen; selbst bei der günstigsten Wahl der beiden Metalle (Antimon und Wismut) ruft eine Erwärmung um 100^0 nur eine Spannung von $^1/_{100}$ Volt hervor, während eine Taschenlampenbatterie doch schon eine Spannung von 2 oder 4 Volt hat. Glücklicherweise ist es aber möglich, so schwache Ströme sehr genau zu messen. Um das dazu nötige Galvanometer in den Stromkreis einschalten zu können (Abb. 39), müssen wir allerdings den einen der beiden Drähte durchschneiden und seine Enden durch zwei andere Drähte mit dem Galvanometer verbinden. Wir erhalten so noch zwei „Lötstellen" mehr, die aber nicht stören, wenn sie immer auf der gleichen Temperatur gehalten werden. Für die astronomische Form des Thermoelements ist ausschlaggebend, daß die Fixsternstrahlung, die gemessen

werden soll, außerordentlich schwach ist. Die Lötstellen müssen
so klein und so dünn wie möglich sein, damit die geringe Wärme-
menge, die zugeführt wird, eine möglichst große Erwärmung zustande bringt, und aus dieser Forderung ergeben sich die Größenverhältnisse des ganzen Thermoelements. Bei den heute ver-
wendeten Thermoelementen sind die Drähte 0,03 mm dick (der
eine aus Wismut, der andere aus einer Legierung von Wismut
mit wenig Zinn), die Lötstellen werden zu ganz dünnen Metall-
scheiben von etwa ½ mm Durchmesser breitgedrückt. Ein solcher

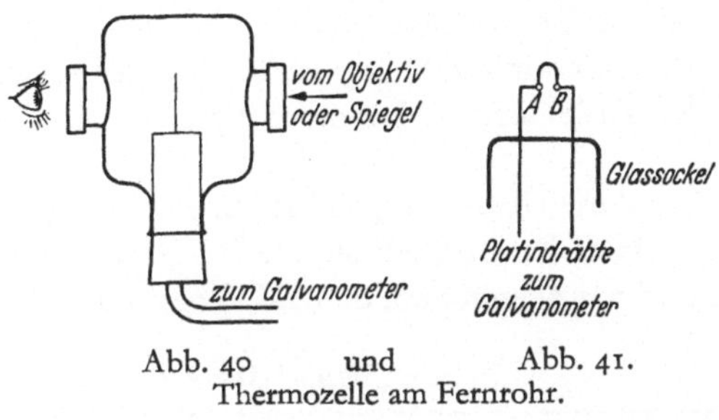

Abb. 40   und   Abb. 41.
Thermozelle am Fernrohr.

Empfänger, der durch einen besonders wirksamen Ruß geschwärzt wird, wiegt nur den 30. Teil eines Milligramms — ein
Wassertropfen wiegt tausendmal soviel wie das ganze Thermoelement. Und obwohl man das Thermoelement noch in ein luft-
leeres Gefäß setzt, damit die erzeugte Wärme nicht durch die Luft
wegströmen kann (daß sie durch die Drähte wegfließt, läßt sich
leider nicht verhindern), kommt bei der stärksten Fixsternstrahlung nur eine Temperaturerhöhung von 15 Tausendsteln eines
Grades zustande. Die Empfindlichkeit der Meßeinrichtung ist aber
so groß, daß noch Temperaturerhöhungen von einigen Millionsteln
des Grades gemessen werden können. Die Abb. 40 zeigt schematisch eine Thermozelle im Strahlengang eines Fernrohrs. Wenn
man durch das hintere Fenster hineinsieht, sieht man das Thermoelement wie in Abb. 41 und hat nur dafür zu sorgen, daß das Bild
des gemessenen Sterns hinter einer der Lötstellen A oder B verschwindet. In demselben Augenblick setzt sich der Zeiger des
Galvanometers in Bewegung; den größten Ausschlag, den er erreicht, muß man ablesen oder photographieren. Wie bei sonstigen

Helligkeitsmessungen kann man verschiedene Sterne miteinander und — wenn man das will — auch mit irdischen Strahlungsquellen vergleichen.

Wie wir uns von Abb 37 her erinnern, haben wir für die Gesamtstrahlung wieder andere „Helligkeiten" zu erwarten als bei der visuellen und photographischen Beobachtung. Um das recht deutlich zu machen, sind in der folgenden Tabelle in jeder der drei Abteilungen die zehn „hellsten" Sterne aufgeführt, in der ersten nach der visuellen Größe, in der zweiten nach der radiometrischen Größe (Gesamtstrahlung). In der dritten Spalte sind die Sterne in die Reihenfolge gesetzt, die sie erhalten würden, wenn wir ihre Gesamtstrahlung außerhalb der absorbierenden Lufthülle der Erde messen könnten (berechnete bolometrische Größe).

Wir werden diese Überlegungen bald in einer anderen Richtung weiterführen. Hier bezweckten sie die Klärung des Begriffs der Helligkeit, und wir wissen nun, daß die Vergleichung von Sternen

Die zehn „hellsten" Sterne

I		II		III	
Sirius	— 1,6	Beteigeuze . .	— 1,7	Sirius	— 2,3
Canopus . . .	— 0,9	Antares . . .	— 1,3	Beteigeuze . .	— 2,2
Alpha Centauri	+ 0,1	Sirius	— 1,3	Antares . . .	— 1,8
Wega	+ 0,1	Canopus . . .	— 1,1	Beta Centauri .	— 1,6
Capella . . .	+ 0,2	Gamma Crucis	— 1,0	Canopus . . .	— 1,6
Arktur . . .	+ 0,2	Arktur . . .	— 1,0	Gamma Crucis	— 1,5
Rigel	+ 0,3	Aldebaran . .	— 0,6	Arktur . . .	— 1,4
Prokyon . . .	+ 0,5	Alpha Centauri	— 0,5	Achernar . .	— 1,1
Achernar . .	+ 0,6	Capella . . .	— 0,4	Rigel	— 1,1
Beta Centauri .	+ 0,9	Mira Ceti. . .	— 0,2	Spica	— 1,0

miteinander in Helligkeit gleicher Art erfolgen muß. Für Verzeichnisse, die den ganzen Himmel umfassen wie die großen Kataloge von Sternörtern, kommen nur visuelle und neuerdings vor allem photographische Helligkeiten in Frage. Die Bestimmung einwandfreier Helligkeiten ist jedoch noch schwieriger als die Bestimmung einwandfreier Örter; bei Helligkeitsbeobachtungen stören nicht nur die Wolken, sondern schon viel geringere Trübungen der Luft, die auf die Richtung der Lichtstrahlen keinen Einfluß ausüben. Die allgemeinen Verzeichnisse reichen deshalb

nur bis zur siebenten oder achten Größenklasse, die in den Sternkatalogen angegebenen Helligkeiten schwächerer Sterne beruhen
auf Schätzungen, die bei Gelegenheit der Ortsbestimmungen ausgeführt werden. In ausgewählten Feldern des Himmels reichen
jedoch die Helligkeitsmessungen sehr viel weiter, in besonderen
Fällen über die 20. Größenklasse hinaus.

Veränderliche Sterne

Während uns die wiederholte Beobachtung bei den Örtern der
Sterne zu der Erkenntnis führte, daß wir im Laufe der Zeit bei
allen Sternen Ortsänderungen (Eigenbewegungen) zu erwarten
haben, erweist sich die Helligkeit eines Sterns im allgemeinen als
unveränderlich. Es gibt aber auch *veränderliche Sterne*. Einige Fälle
von Veränderlichkeit lassen sich leicht beobachten. Da gibt es
einen Stern im Perseus, Algol, der für gewöhnlich nur wenig
schwächer als der hellste Stern des Sternbildes, Algenib, ist. Von
Zeit zu Zeit verblaßt er plötzlich. Nach nicht ganz 5 Stunden ist
er um $1^1/_2$ Größenklassen, also ganz auffällig, schwächer als
Algenib und nimmt dann sofort wieder an Lichtstärke zu, bis er
nach abermals 5 Stunden seine normale Helligkeit wieder erreicht
hat. Der ganze Vorgang dauert $9^1/_2$ Stunden und wiederholt sich

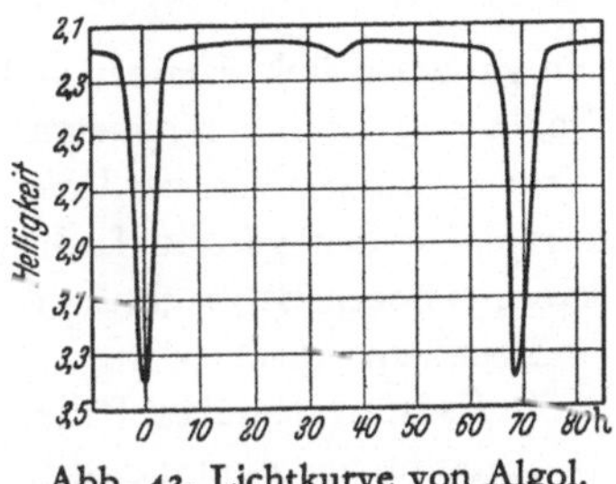

Abb. 42. Lichtkurve von Algol.

pünktlich alle 69 Stunden. Wenn
man Zeiten und Helligkeiten so
aufzeichnet, wie es in Abb. 42
geschehen ist, erhält man ein
anschauliches Bild des Lichtwechsels. Etwas mehr Ausdauer
erfordert die Beobachtung des
am frühesten erkannten Veränderlichen Omikron Ceti, auch
Mira Ceti (der wunderbare Stern
im Walfisch) genannt. Der Lichtwechsel geht bei diesem Stern sehr
langsam und unregelmäßig vor sich. Er erreicht seine größte Helligkeit ungefähr alle elf Monate. Der Betrag der Lichtschwankung ist
aber sehr groß (bis 6 Größenklassen), so daß es selbst in dem etwas un-
scheinbaren Sternbild Walfisch auffällt, ob Mira sichtbar ist oder nicht.
Die Abb. 43 gibt eine Lichtkurve von Mira Ceti wieder; es ist aber
zu beachten, daß sie in anderen Jahren etwas anders aussehen kann.

Man kennt heute mehrere hundert Veränderliche von der einen
wie von der anderen Art, und es gibt auch noch andere Arten des
Lichtwechsels; im ganzen sind mehrere tausend Sterne als ver-
änderlich erkannt (soweit sie nicht helle Sterne sind, werden sie
durch große lateinische Buchstaben vor dem Namen des Sternbildes bezeichnet). Die Festlegung der Lichtkurve ist nicht immer
so einfach, wie es nach der bisherigen Schilderung scheinen
könnte. Sterne lassen sich ja nur nachts beobachten und auch dann
nur, wenn sie nicht gerade unter dem Horizont, sondern sogar

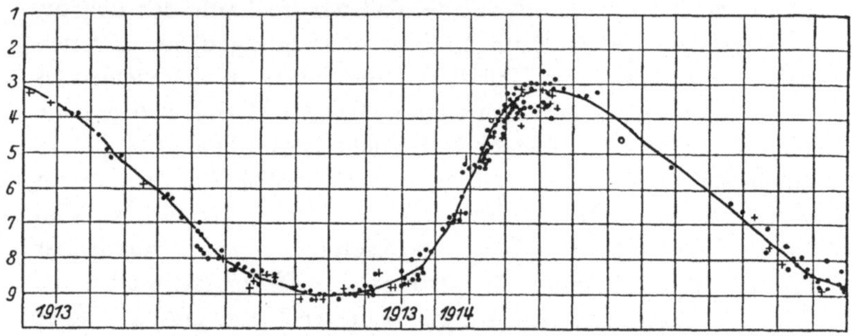

Abb. 43. Lichtkurve von Mira Ceti in den Jahren 1913 und 1914.
(Eine Quadratseite bedeutet auf der Grundlinie 20 Tage,
in der Höhe 1 Größenklasse.)

ein ganzes Stück darüber stehen, und weiter nur dann — diese
Bedingung ist in den meisten Gegenden sehr wichtig —, wenn sie
nicht durch Wolken verdeckt sind. Daraus ergibt sich schon, daß
man nicht den ganzen Lichtwechsel in einem Zuge beobachten
kann, sondern Beobachtungen, die zu ganz verschiedenen Zeiten
und auch an verschiedenen Orten gemacht sind, zusammensetzen
muß. Es ist in manchen Fällen langes Probieren nötig, bis sich die
Beobachtungen zu einem Bilde zusammenfügen! Die Helligkeits-
änderungen werden mit großer Genauigkeit beobachtet, weil man
die Veränderlichen mit nahezu gleich hellen Sternen in ihrer
nächsten Nachbarschaft vergleicht, von denen nach Möglichkeit
einige etwas heller und einige etwas schwächer ausgewählt werden.
Da in solchen engen Helligkeitsbereichen auch die Stufenschät-
zungen sehr genau und zuverlässig sind, bilden die veränderlichen
Sterne das Arbeitsgebiet der Astronomie, zu dem die Liebhaber-
astronomen den größten Beitrag leisten.

Einen sehr wichtigen Typus von Veränderlichkeit stellt die Abb. 44 dar. Wir wollen diese Veränderlichen *Blinksterne* nennen, weil sie wie ein Blinkfeuer in gleichbleibenden Zeitabständen kurz „aufblinken". Bei δ Cephei, dem am längsten und besten be-kannten Stern dieser Art, beträgt die Zeit zwischen zwei Licht-gipfeln, die Periode des Lichtwech-sels, $5^1/_3$ Tage, aber es kommen auch lange Perioden bis zu 40 Tagen vor und in großer Zahl kurze Pe-rioden von etwa $^1/_2$ Tag (der Stern mit der kürzesten Periode blitzt alle $1^1/_2$ Stunden auf). Es war ein Fund

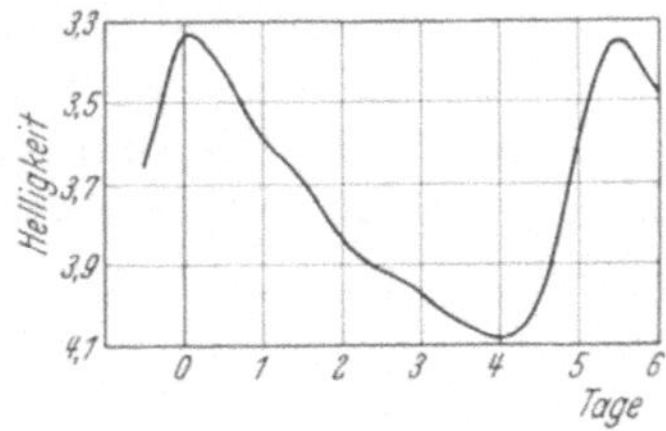

Abb. 44. Lichtkurve von δ Cephei.

von großer Bedeutung, als man bei der Durchforschung der Magel-lanschen Wolken am Südhimmel, die dabei als benachbarte Stern-systeme erkannt wurden (S. 165), auf eine große Zahl solcher Blink-veränderlichen stieß. Es fiel bald auf, daß dort zu den hellen Sternen lange und zu den schwachen Sternen dieser Art kurze Lichtwechselperioden gehören. Wenn man alle diese Sterne so als Punkte in einen Rahmen einzeichnet, daß sie um so weiter rechts liegen, je länger die Periode ist, und um so höher, je größer die

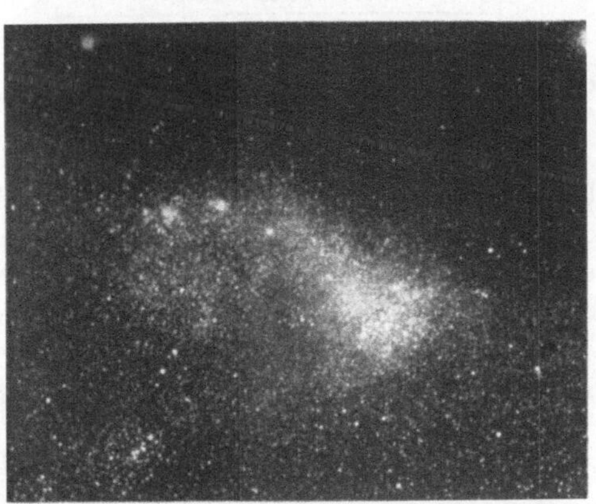

Abb. 45. Die kleinere der beiden Magellanschen Wolken am Südhimmel. Am oberen Rande sind zwei kugelige Sternhaufen sichtbar, die uns sehr viel näher sind als die Sternwolke. (Aufnahme der Harvard-Station in Peru.)

mittlere Helligkeit ist, dann ergibt sich ein lückenloser Zusammenhang zwischen Helligkeit und Periodenlänge (Abb. 46). Wir müssen uns nun weiter überlegen, daß diese Sterne einem abgeschlossenen Sternsystem angehören, das wir aus großer Entfernung betrachten. Das besagt, daß sie alle ungefähr gleich weit von uns entfernt sind, daß also die Ordnung nach scheinbarer Helligkeit die Sterne auch richtig in der Folge ihrer wirklichen Helligkeit (oder Leuchtkraft) darstellt. Die aufgefundene Beziehung deckt also einen physikalischen Zusammenhang zwischen

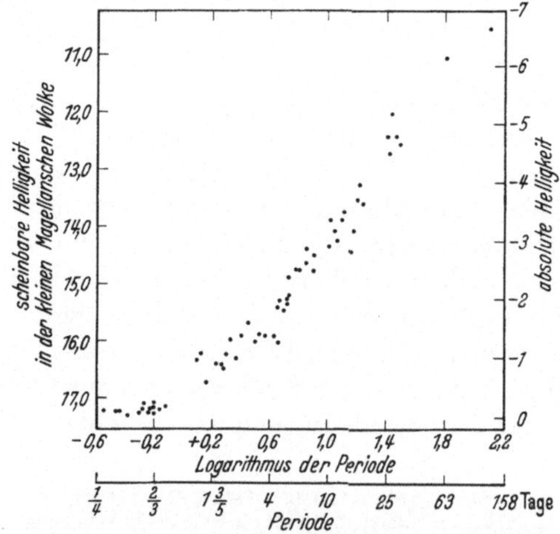

Abb. 46. Beziehungen zwischen der Periode und der Helligkeit bei den Blinksternen.

zwei Eigenheiten jedes Sterns dieser Art auf (zwischen der dauernd ausgesandten Lichtmenge und der Periode, in der sie um einen gewissen Betrag schwankt), und wir können wohl annehmen, daß dieser Zusammenhang nicht eine Besonderheit der kleinen Magellanschen Wolke ist, sondern überall besteht. Wo wir also einen Stern finden, der Lichtschwankungen dieser Art zeigt, können wir, sobald wir die Periode seines Lichtwechsels festgestellt haben, aus unserer Kurve in Abb. 46 die zugehörige Helligkeit entnehmen. Damit wissen wir allerdings erst, wie hell unser Stern in der kleinen Magellanschen Wolke wäre, und das nützt uns noch nicht viel. Einiges können wir aber daraus doch schon schließen.

66

Nehmen wir einmal an, der von uns gefundene Stern habe eine
Periode von 4 Tagen. In der Magellanschen Wolke hätte er dann,
wie wir aus der Kurve ablesen, die Helligkeit 16,0. Wir wollen
weiter annehmen, daß wir seine scheinbare Helligkeit als 12,5 gemessen haben. Der Stern erscheint uns also heller, als wenn er in
der Magellanschen Wolke stände, er muß uns also näher sein als
die Wolke. Um wieviel weiter die Wolke entfernt ist, muß sich
aus dem Helligkeitsunterschied errechnen lassen, denn wir wissen,
daß bei der Lichtausbreitung dem doppelten Abstand der vierte
Teil (dem dreifachen Abstand $^1/_9$) der Helligkeit entspricht. Wenn
wir dazu noch berücksichtigen, wie wir Helligkeiten in Größenklassen ausdrücken, dann kommen wir auf eine Tafel, die uns den
Zusammenhang übersehen läßt:

| | Helligkeitsunterschied |
Entfernung	in Größenklassen
2—fach	1,5
3—fach	2,4
4—fach	3,0
5—fach	3,5
10—fach	5,0
100—fach	10,0
1000—fach	15,0
10 000—fach	20,0
100 000—fach	25,0
1 000 000—fach	30,0

Hiernach hat der von uns beobachtete Stern nur $^1/_5$ der Entfernung der Magellanschen Wolke, und wir könnten seine Entfernung und die Entfernungen aller Blinksterne — auf Grund von
Helligkeitsmessungen — angeben, wenn wir die Entfernung der
kleinen Magellanschen Wolke kennen würden. Diese Strecke erweist sich jedoch als so groß, daß wir keine Aussicht haben, sie
durch Messung der Parallaxe oder der Eigenbewegungen von
Sternen der Wolke zu bestimmen. Wir sind daher gezwungen,
einen Umweg einzuschlagen. Theoretisch würde es genügen, die
Entfernung eines einzigen Blinksternes in unserer Nähe (durch
Parallaxenmessung) zu bestimmen; durch den Unterschied seiner
scheinbaren Helligkeit und der zu seiner Periode gehörenden
Kurvenhelligkeit wäre die Entfernung der Wolke bereits festgelegt. Da uns aber leider kein Blinkstern hierfür nahe genug ist,
müssen wir zu einer statistischen Bestimmung Zuflucht nehmen

(S. 42) und versuchen, wenigstens für möglichst viele solcher Sterne Eigenbewegungen zu messen. Das gibt uns in jedem einzelnen Falle einen sehr ungenauen Wert für die Entfernung des Sterns und damit auch der kleinen Magellanschen Wolke, durch die Vielheit der Bestimmungen aber schließlich einen zuverlässigen Wert für die Wolke.

Die Helligkeit ist also doch ein Maß der Entfernung

Es wäre nicht bequem, in jedem Falle den Weg über die sehr ferne Magellansche Wolke zu machen, eine kleinere Normalentfernung wäre handlicher. Eigentlich ist ja das Lichtjahr unsere Normalentfernung, man hat aber für Helligkeitsbetrachtungen eine andere Strecke festgelegt: 33 Lichtjahre (genauer 32,6, zugehörige Parallaxe $^1/_{10}$ Bogensekunde). Wenn wir Sterne nach ihrer wirklichen Helligkeit (Leuchtkraft) miteinander vergleichen wollen, denken wir sie uns in diese Entfernung versetzt. Die Helligkeit, die sie dann für uns haben würden, nennen wir ihre *absolute Helligkeit*. Aus der absoluten (M) und der scheinbaren Helligkeit (m) läßt sich jederzeit die Entfernung berechnen, da sich der Unterschied zwischen beiden durch die Tafel auf S. 67 in ein Entfernungsverhältnis umwandeln läßt, das jetzt aber unmittelbar angibt, wieviel mal 33 Lichtjahre die Entfernung beträgt. Die Tafel verwandelt sich dadurch in eine andere, die noch nützlicher ist und deshalb etwas ausführlicher hergesetzt werden soll:

Helligkeit und Entfernung

$m-M$	Entfernung (Lichtjahre)	$m-M$	Entfernung (Lichtjahre)
− 5	3	+ 11	5 200
− 4	5	12	8 100
− 3	8	13	13 000
− 2	13	14	20 000
− 1	20	15	33 000
0	33	16	52 000
+ 1	52	17	81 000
2	81	18	130 000
3	130	19	200 000
4	205	20	326 000
5	325	21	520 000
6	520	22	810 000
7	810	23	1 300 000
8	1300	24	2 000 000
9	2000	+ 25	3 260 000
+ 10	3260		

Wir wollen diese Tafel zu allererst auf die Blinksterne der Magellanschen Wolke anwenden. Zu ihrer Entfernung gehört ein $m - M$ von 17,3 Größenklassen. Schreiben wir also an die rechte Seitenkante unseres Diagramms (Abb. 46) lauter um 17,3 kleinere Zahlen, so gibt sie uns nun zu jedem Periodenwert die *absolute* Helligkeit des betrachteten Sterns. Der Unterschied zwischen dieser und der gemessenen scheinbaren Helligkeit führt durch eine kleine Rechnung (die hier durch die obige Tafel ersetzt ist) zur Kenntnis der Entfernung.

Die Blinksterne haben beim Übergang zu den fernsten Beobachtungsobjekten eine besondere Rolle gespielt (S. 161). Zur absoluten Helligkeit führen aber auch noch andere Wege (S. 108), so daß die Verwendbarkeit der Helligkeit zur Bestimmung der Entfernung nicht auf die Blinksterne beschränkt ist. Die besondere Bedeutung aller dieser photometrischen Methoden der Entfernungsmessung liegt darin, daß sie nicht an den Grenzen haltzumachen brauchen, die den anderen Methoden gesetzt sind (S. 36).

Sonnenfinsternisse, aus weiter Ferne gesehen

Sobald wir uns der Frage zuwenden, was für ein Vorgang sich in dem Lichtwechsel der veränderlichen Sterne zu erkennen gibt, müssen wir eine Klasse der Veränderlichen aus der Gesamtheit herausnehmen: die Algol-Sterne. Bei diesen Sternen deutet die vollkommene Regelmäßigkeit des Lichtwechsels auf einen mechanischen Vorgang hin, und die charakteristische Eigenheit, daß die normale Helligkeit zu gewissen Zeiten vorübergehend vermindert wird, erinnert uns an den Ablauf einer Sonnenfinsternis. Um einen verfinsternden Mond oder Planeten kann es sich freilich hier nicht handeln, weil wir von so kleinen Körpern gar nichts merken würden. Wir können uns aber ein Doppelsternsystem mit solcher Lage der Bahn vorstellen, daß bei jedem Umlauf jeder der beiden Sterne — von uns gesehen — vor den anderen treten muß. Nehmen wir den einen Stern als nicht leuchtend an, so bringt seine Bedeckung durch den hellen Stern keinen Lichtausfall hervor, bei seinem Vorübergang vor dem hellen löscht er aber dessen Licht ganz oder teilweise aus (Abb. 47). Wir beobachten also bei jedem Umlauf eine Verfinsterung, die im allgemeinen partiell (teilweise) sein wird. — Ist der „dunkle" Stern nicht dunkel, so ergeben sich bei jedem Umlauf zwei Verfinsterungen von verschiedenem Grade. Auch bei Algol selbst machen sehr genaue Messungen das zweite Minimum sichtbar (Abb. 42). Es ist leicht einzusehen, daß sich aus dem Gesamtbetrag und aus dem zeitlichen Verlauf einer solchen Verfinsterung Schlüsse auf die Größe der beteiligten Sternkörper und die Lage und Größe ihrer Bahn ziehen lassen. Die Lichtkurve läßt sich in eine geometrisch richtige Darstellung des Doppelsternsystems umwandeln, bei der jedoch der Maßstab unbekannt bleibt. Den erhalten wir nur, wenn wir beide Sterne sehen und ihre Bahnbewegung messen können. Gewöhnliches Sehen kommt hier nicht in

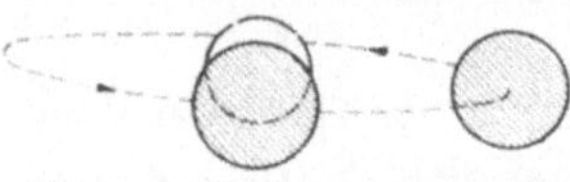

Abb. 47. Verfinsterungen bei Doppelsternen.

Betracht, weil es sich um ganz enge Systeme handelt, bei denen der Abstand der Körper häufig nicht viel größer ist als ihre Durchmesser. Glücklicherweise gibt es aber doch eine Beobachtungsmöglichkeit (S. 111), so daß wir wenigstens in einigen, leider nicht sehr zahlreichen Fällen zu einer vollständigen Kenntnis alles dessen kommen können, was wir gern über jeden einzelnen Stern wüßten: Durchmesser (räumliche Größe, Oberfläche), Masse, Dichte (= Masse: räumliche Größe). Die folgende Tafel enthält

Einige Verfinsterungs-Veränderliche

Stern	Durch-messer	Masse	Mittlere Dichte	Abstand der	
				Mittelpunkte	Oberfläche
ζ Aurigae. . . .	293,4	31,9	0,000001	744,6	419,3
	4,0	12,9	0,20		
β Aurigae . . .	2,9	2,4	0,1	9,0	6,1
	2,9	2,4	0,1		
R Canis majoris .	0,9	0,14	0,19	1,3	0,4
	0,9	0,05	0,07		
YY Geminorum.	0,8	0,6	1,2	1,9	1,2
	0,7	0,6	1,7		
β Lyrae	18,4	18,7	0,0030	35,4	4,2
	44,0	7,1	0,0005		
β Persei (Algol) .	3,2	4,6	0,14	7,5	4,1
	3,6	1,0	0,02		
V Puppis. . . .	8,3	21,2	0,04	9,0	1,0
	7,6	16,3	0,04		
λ Tauri	5,1	13,8	0,10	8,5	4,1
	3,7	2,8	0,06		
W Ursae majoris	1,0	0,7	0,7	1,1	0,1
	1,0	0,5	0,5	Sonnendurchmesser	

einige der vollständig bestimmbaren Sterne; die Zahlen geben an, wieviel mal so groß wie bei unserer Sonne Durchmesser, Masse, Dichte des Sterns sind.

Wir sehen daraus wie bei den visuellen Doppelsternen (S. 43), daß kleinere, aber auch erheblich größere Massen als unsere Sonne vorkommen. Hier sehen wir aber auch, daß — wenigstens bei diesen Sternen — die Dichte (die durchschnittlich in einem Kubikzentimeter enthaltene Stoffmenge) fast immer geringer ist als bei der Sonne, die ja ungefähr so viel Stoff enthält, als wenn sie gleichmäßig mit Wasser angefüllt wäre. Die letzten Spalten zeigen, wie dicht beieinander die Sterne dieser Systeme ihre schnellen Umläufe vollführen. In manchen dieser Systeme berühren sich die Oberflächen beinahe, und es gibt vielleicht auch Systeme, in denen die beiden Sterne gar nicht ganz voneinander getrennt sind. Wahrscheinlich offenbart sich hier die Entstehung von Doppelsternen aus einfachen Sternen bei ihrer Schrumpfung und der damit verbundenen Zunahme der Rotationsgeschwindigkeit. Es hat sich durch Untersuchung heißer großer Sterne mittels ihrer Spektren gezeigt, daß viele von ihnen so schnell rotieren, daß diese sich tatsächlich dicht an der Grenze des Auseinanderfliegens befinden.

Verborgene Ursachen

Bei den anderen Klassen von veränderlichen Sternen haben wir keine so klare Vorstellung von dem Vorgang, der sich in ihrem Lichtwechsel ausdrückt. Die großen Verschiedenheiten in der Dauer und Größe der Lichtschwankung und die Vielgestaltigkeit der Lichtkurven machen es uns schwer, eine Fährte zu finden. Bei aller Verschiedenheit gibt es aber doch mancherlei Ähnlichkeiten und Übergänge, die uns vermuten lassen, daß der Lichtwechsel überall derselben physikalischen Ursache entspringt, die sich je nach den im Stern vorhandenen Verhältnissen verschiedenartig auswirkt. Bei den Blinksternen werden auch Bewegungen beobachtet, sie stehen aber in anderer Beziehung zum Lichtwechsel als die Umlaufsbewegungen der Bedeckungsveränderlichen. Es hat den Anschein, daß diese Sterne sich abwechselnd ausdehnen und zusammenziehen und dabei ihre Temperatur und ihre Strahlung verändern. Woher der Anstoß zu solchen Pulsationen kommt, läßt sich noch nicht klar erkennen; es bleibt deshalb auch noch ungewiß, ob sie nur unter besonderen Bedingungen auftreten, oder ob jeder Stern im Laufe seiner Entwicklung einmal in diesen Zustand gerät.

Große Rätsel geben uns die „Flare-Sterne" auf (für das englische flare, das auf der Sonnenoberfläche z. B. Fackel bedeutet, also eine besonders helle, heiße Gaswolke, haben wir noch keinen eingeführten deutschen Namen; vielleicht wird man diese Sterne „Flackersterne" nennen): Einige ganz schwache Sterne (10000mal schwächer als unsere Sonne) haben gelegentlich und unregelmäßig für Minuten ganz ungeheure Helligkeitszunahmen (bis auf das hundertfache und mehr). Es ist die Frage, ob es sich etwa um dasselbe Phänomen handelt wie die Sonnenprotuberanzen (S. 119), nur in gigantischem Ausmaß. Nur die größten Fernrohre können diese Frage beantworten. Im allgemeinen kann man diese aber nicht gut wochenlang auf denselben schwachen Stern eingestellt lassen, um vielleicht einmal zufällig einen Ausbruch festzuhalten; meistens sind diese Fernrohre für andere Aufgaben besetzt.

Neue Sterne

Solche Fragen werden besonders stark durch die ganz krasse Veränderlichkeit einiger Sterne angeregt, die wir als *neue Sterne* bezeichnen, weil sie ganz plötzlich aus dem Zustand der Unsicht-

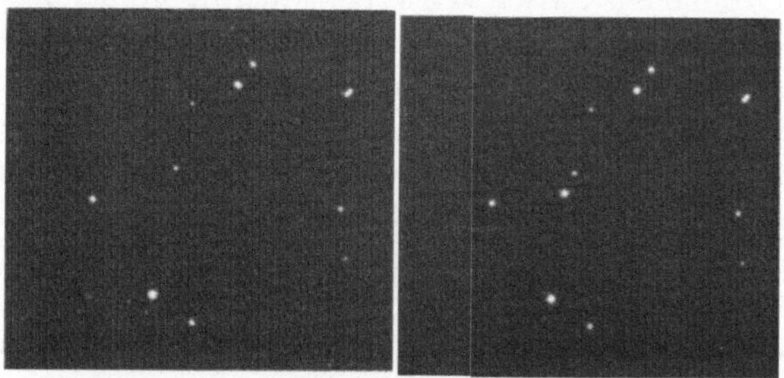

Abb. 48. Ein neuer Stern (in der Mitte des rechten Bildes).
(Lippert-Astrograph der Hamburger Sternwarte.)

barkeit auftauchen (Abb. 48) und ihre Helligkeit in wenigen Tagen oder sogar in einigen Stunden bis zur Auffälligkeit steigern. Die ersten neuen Sterne, von denen wir sichere Kenntnis haben, waren im eigentlichen Sinne auffällig (die „Nova" von 1572 war am hellen Tage zu sehen); heute, wo der ganze Himmel ständig photographisch überwacht wird, ist schon das Auftauchen eines Sterns 12. Größe auffällig. Die Entdeckung eines neuen Sterns ist infolgedessen kein seltenes Ereignis mehr, verursacht aber doch jedesmal einen kleinen Aufruhr in der astronomischen Welt, weil der Schlüssel zum Verständnis des ganzen Vorgangs in den so rasch ablaufenden Geschehnissen kurz vor und nach dem Helligkeitsmaximum zu suchen ist und deshalb nach der Entdeckung des Lichtanstiegs keine Minute mehr für die Beobachtung verlorengehen darf.

Die helleren neuen Sterne lassen sich fast immer auf früheren Aufnahmen als schwache Sterne auffinden, manchmal sind sie auch schon vorher als veränderliche Sterne aufgefallen. Wir wissen so, daß diese Sterne in der kurzen Zeit des Lichtanstiegs ihre Strahlung mindestens 7—8 Größenklassen, also auf das 1000fache, häufig aber auf das 10000- oder 100000fache steigern (Abb. 49). Wenn einer der hellen Sterne des Himmels eine solche Umstellung vornehmen würde, käme uns die Bedeutung dieser Zahlen anschaulicher zum Bewußtsein: Sirius würde bei Verzehntausendfachung seiner Strahlung den Vollmond ersetzen können. Durch verschiedenartige Beobachtungen wissen wir, daß die Strahlungs-

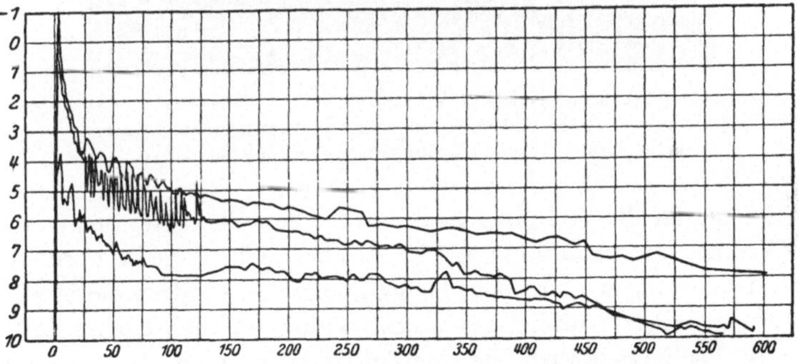

Abb. 49. Lichtkurven der neuen Sterne im Adler 1918 (obere Kurve), im Perseus 1901 (mittlere Kurve) und in den Zwillingen 1917 (untere Kurve).

steigerung mit einer Aufblähung des Sternkörpers verbunden ist, wobei die äußeren Schichten mit Geschwindigkeiten von mehr als 100 km pro Sekunde nach außen drängen. Sobald das Helligkeitsmaximum erreicht ist, ändert sich die Art der Strahlung. Die schwächer werdende normale Sternstrahlung wird von einer Strahlung überdeckt, die uns von den Gasnebeln her bekannt ist. Zu dieser Zeit erscheint die Nova den Beobachtern auch nicht so punktartig wie ein normaler Stern, und das setzt schon eine gewaltige Ausdehnung voraus. Während die Gesamthelligkeit unter vielen Schwankungen langsam (in Monaten oder Jahren) zurück-

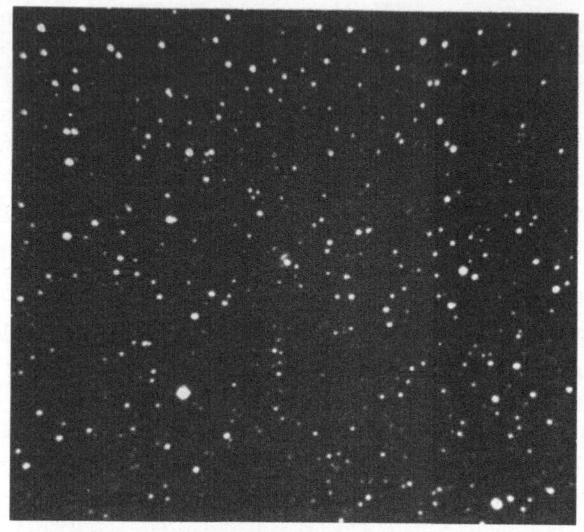

Abb. 50 Nebel bei der Nova Persei von 1901.
(Aufnahme 1938, 1-Meter-Spiegel der Hamburger Sternwarte.)
Die Abb. 50 und 51 umfassen dasselbe Himmelsfeld.

geht, nimmt die Strahlung auch wieder den Charakter einer uns bekannten Sternstrahlung an: Es ist aber nicht dieselbe normale Sternstrahlung wie vor dem Helligkeitsgipfel, sondern die Strahlung „nebliger" Sterne, der Stern ist nun wirklich ein „neuer" Stern. Die Nebelhüllen, die eine Zeitlang die äußere Erscheinung des Sterns bestimmten, sind bei einigen in diesem Jahrhundert beobachteten neuen Sternen später vom Stern getrennt, Jahr für Jahr weiter abrückend, wiedergesehen worden (Abb. 50). Bei der großen Nova des Jahres 1901 konnte man beobachten, wie sich die vom Stern ausgehenden Lichtwellen in einer den Stern umschließenden Nebelmasse ausbreiteten (Abb. 51)!

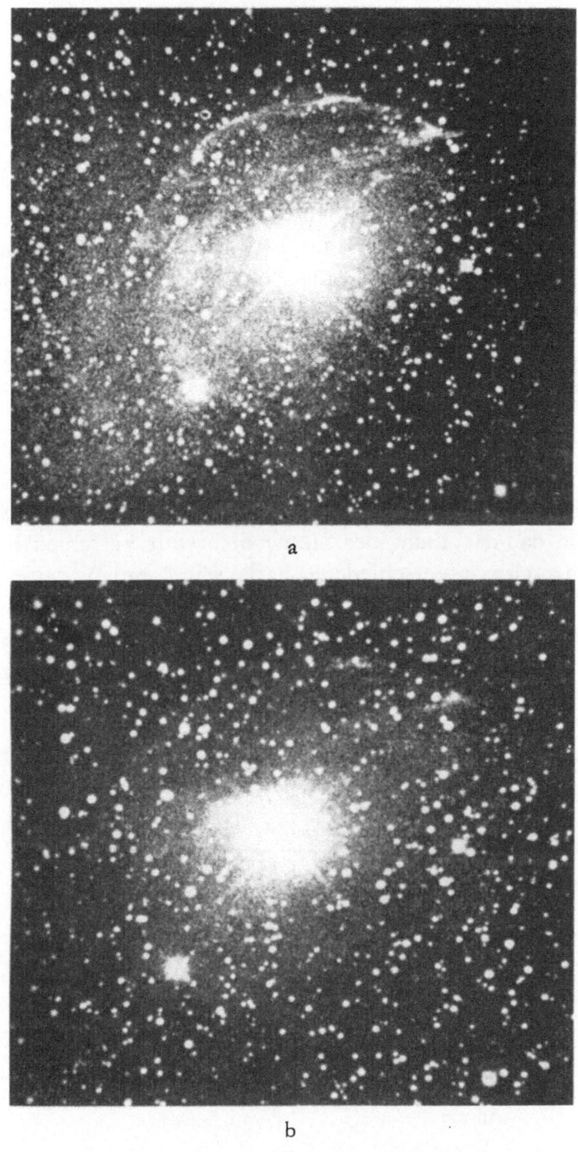

Abb. 51. Lichtausbreitung um die Nova Persei.
(Aufnahmen der Yerkes-Sternwarte: a am 30. 9. 1901, b am 13. 11. 1901.)

Wir sind noch weit davon entfernt, die Bedeutung und den Zusammenhang der Erscheinungen, die bei jedem neuen Sterne in etwas anderer Art ablaufen, voll zu erkennen. Es scheint sich um Instabilitäten im Aufbau des Sterns zu handeln, die plötzlich zu einem Aufbrechen der Oberfläche und damit zum Freiwerden großer sonst im Innern der Sterne festgehaltener Wärmemengen führen.

Eine Klasse für sich bilden die *Supernovae*. Diese sind nach ihrem Aufleuchten zur Zeit ihrer größten Helligkeit so hell wie ein ganzes Sternsystem. Gerade durch diese Eigenschaft hat man sie mittels systematischer Überwachung des Himmels mit dem kleinen 45-cm-Schmidt-Spiegel des Mount Palomar in größerer Zahl gefunden.

III. Die Farbe (Das Spektrum)

Als wir uns darum bemühten, die Strahlung der Sterne mit verschiedenen Hilfsmitteln zu messen, haben wir die Entdeckung gemacht, daß das Licht der Sterne nicht nur verschieden stark, sondern auch von verschiedener Farbe sein kann. Wir empfanden das damals als unangenehme Schwierigkeit; bei nicht so einseitiger Betrachtung können wir aber nicht verkennen, daß uns dadurch noch weitere Erkenntnismöglichkeiten gegeben sind.

Sternfarben

Wie wir uns schon an einigen Beispielen klargemacht haben, ist unser Auge durchaus imstande, Sternfarben zu sehen und in

Farbenindex einiger heller Sterne

Stern	Farbenindex
Sirius	$+$ 0,2
Rigel	$-$ 0,2
Regulus	0,0
Spica	$-$ 0,5
Capella.	$+$ 0,9
Polarstern	$+$ 0,8
Arktur.	$+$ 1,4
Aldebaran	$+$ 1,8
Beteigeuze	$+$ 2,0
Antares	$+$ 2,0

eine Farbenskala einzuordnen. Da solchen Farbenschätzungen vom Beobachter und vom Fernrohr herrührende persönliche

Züge anhaften, hat man auch hier versucht, zu einer „unpersön-
licheren" Beobachtungsart zu kommen. Wir werden auf eine
solche Möglichkeit geführt, wenn wir die Überlegungen aus-
nutzen, die wir auf S. 56 angestellt haben. Wir haben dort festgestellt, daß das Auge und die photographische Platte verschiedene
Abschnitte der Strahlung aufnehmen, und daß es von der Farbe
der Strahlung abhängt, wieviel davon in diese Abschnitte fällt.
Der Unterschied zwischen der visuellen und der photographischen
Größe wird deshalb als *Farbenindex* bezeichnet und ist das übliche
Maß der Sternfarbe geworden.

Was bedeuten die Farben der Sterne?

Wenn auf unserer schönen Erde die Blätter der Bäume grün
sind, die Blumen rot, gelb, blau, violett, so hat das darin seinen
Grund, daß jeder Körper einen Teil der auf ihn fallenden weißen
Sonnenstrahlung verschluckt und den Rest abprallen läßt (reflek-
tiert). Verschiedene Stoffe verschlucken verschiedene Farben-
abschnitte aus der alle Farben enthaltenden Strahlung der Sonne,
und daraus ergibt sich die große Farbenmannigfaltigkeit unserer
Umgebung. Die Planeten unserers Sonnensystems, die nur sichtbar sind, weil sie von der Sonne beschienen werden, erhalten
ihre Färbung auf diese Weise. Die Farben der Fixsterne sind aber
von anderer Art; das Licht, das wir von ihnen erhalten, ist kein
reflektiertes Licht; sie strahlen selbst Licht und Wärme aus wie
unsere Sonne. Nach unserer irdischen Erfahrung strahlen nur
heiße Körper Licht aus. (Es gibt auch noch andere Möglichkeiten,
wie z. B. das Leuchten faulenden Holzes, aber die spielen keine
große Rolle.) Alle Wärme- und Lichtstrahlung, die wir benutzen,
geht von Körpern hoher Temperatur aus (künstliche Lichtquellen). Wir wollen versuchen, uns etwas mehr Einblick in diesen
Vorgang zu verschaffen durch einen Versuch, den jeder machen
kann oder schon gemacht hat.

Als Strahlungsquelle soll uns ein eiserner Ofen in einem kalten
Zimmer dienen. Solange der Ofen nicht geheizt ist, ist er ein
toter Gegenstand, der keinen Eindruck auf uns macht. Wir ent-
zünden nun in seinem Innern (nach außen unsichtbar) ein Feuer
und sorgen dafür, daß es tüchtig brennt. Im Innern des Ofens
herrscht sehr schnell eine beträchtliche Hitze, es dauert aber einige

Zeit, bis sie durch die Schamottewand des Ofens nach außen dringt. Wir setzen uns in die Nähe des Ofens und warten ab. Das Licht im Zimmer wollen wir auch noch abschalten; das macht die Lage allerdings noch ungemütlicher, aber der Weg zur Erkenntnis ist meistens etwas unbequem. Nach einiger Zeit macht sich der Ofen bemerkbar; wir empfinden, daß aus der Richtung des Ofens Wärme auf unsere Hände und unser Gesicht trifft. Die Empfindung wird immer stärker und kann schließlich unangenehm stark werden. Wenn wir zwischendurch gelegentlich den Ofen angefaßt haben, haben wir feststellen können, daß er allmählich wärmer und schließlich heiß geworden ist. Bei alledem *sehen* wir aber den Ofen *nicht*. Wenn wir reichlich eingeheizt haben, erleben wir aber auch das noch. Wenn die Wärmestrahlung schon recht kräftig geworden ist, erscheint der Ofen allmählich als blaßgraues Gespenst (bei so schwachen Lichteindrücken meldet unser Auge keine Farben: in der Nacht sind alle Katzen grau!). Etwas später haben wir den Eindruck von dunklem Rot, aus dem dunklen Rot wird schließlich helles Rot, und es ist nicht ratsam, auch noch den Übergang der Rotglut in die Weißglut abzuwarten. Für diesen Teil des Versuches bediene man sich nicht eines Zimmerofens, sondern einer Nadel, die man in eine Gasflamme hält. Sie macht alle Abschnitte des Glühens schneller durch als der Ofen, und unsere Beobachtung kann hier erst bei der Rotglut einsetzen, weil wir für die von einem so kleinen Körper ausgestrahlte Wärme nicht empfindlich sind, aber den Übergang von der Rotglut bis zur Weißglut können wir gefahrlos beobachten; wir können sogar die verschiedenen Farben abwechselnd hervorrufen, wenn wir die Nadel nacheinander in verschiedene Teile der Flamme bringen.

Die Farben der Sterne haben dieselbe Bedeutung: Die Fixsterne sind glühende Weltkörper von verschieden hoher Temperatur. Sie werden nicht von außen her erhitzt wie die in die Flamme gehaltene Nadel, sie ähneln mehr dem Ofen, aus dessen heißem Innern die Wärme nach außen durchglüht. Es sollte also möglich sein, durch einen Vergleich der Sternfarben mit denen eines irdischen Körpers bei steigender Erwärmung, z. B. des vom elektrischen Strom durchflossenen Drahtes einer Glühlampe, die Temperatur der Fixsterne zu ermitteln. Die meisten Körper würden das nicht aushalten, und wir würden auch bald bemerken, daß Farbenschätzungen für diesen Zweck nicht genau genug sind. Wir müssen, um dieses verlockende Ziel zu erreichen, noch etwas mehr Mühe aufwenden und Mittel ersinnen, die uns die Farbe noch besser zugänglich machen.

Das kontinuierliche Spektrum

Wir haben schon mehrere Male, weil es uns gerade paßte, von der Behauptung Gebrauch gemacht, daß weißes Licht, z. B. das Sonnenlicht, Strahlung aller möglichen Farben in sich enthält, den Nachweis dafür sind wir aber bisher schuldig geblieben. Er ist aber leicht nachzuholen, da sich jeder in die Lage versetzen kann, selbst zu *sehen*, daß es so ist. Man sperre das Sonnenlicht, das durch das Fenster fällt, durch eine Scheibe aus Pappe ab, schneide aber einen schmalen Spalt

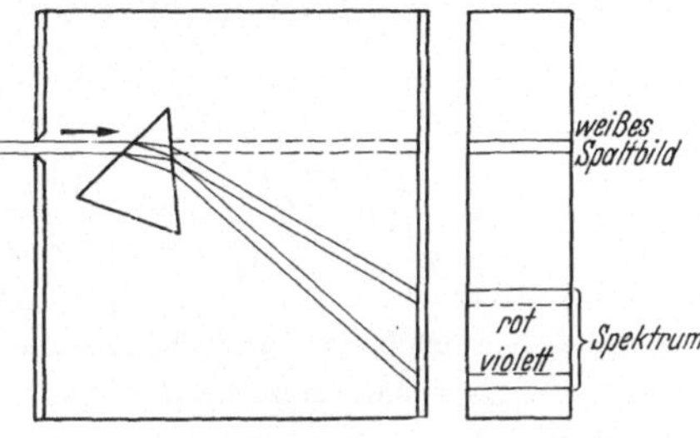

Abb. 52.
Zerstreuung des Lichts durch ein Prisma.

in die Pappe. Es fällt nun ein Lichtstreifen in das Zimmer, der auf der gegenüberliegenden Wand als weißer Strich erscheint (Abb. 52). Nun stellen wir ein *Prisma* in den Lichtstreifen. Das ist ein Dreikant aus Glas; als Prisma wirkt aber jedes Stück Glas, bei dem zwei ebene Flächen so zueinander liegen, wie es beim Prisma der Fall ist. Das Prisma muß so stehen, daß eine seiner Kanten parallel zu dem Spalt steht, durch den das Licht kommt. Sobald das Prisma an seinem Platz steht, ist der weiße Streifen (das Spaltbild) weg. Statt seiner finden wir weiter unten auf der Wand ein ganzes Rechteck, und dieses Rechteck ist oben rot und unten violett, in der Mitte weiß. Wenn wir den Spalt recht eng machen, löst sich das Weiß immer mehr auf, und wir erhalten schließlich ein farbiges Rechteck, in dem die Farben Rot, Orange, Gelb, Grün, Blau, Violett streifenweise übereinanderliegen, nicht kraß gegeneinander abgegrenzt, sondern mit allmählichen Übergängen von der einen zur anderen. Ein solches Farbenband nennt man ein *Spektrum*. Es enthält, wenn es durch die Zerlegung weißen Lichts entstanden ist, zwar nicht alle möglichen Farben (unserer heutigen Technik sind unglaublich viele Farben möglich), aber doch alle einfachen Farben von Rot bis Violett, wie wir sie etwas verschwommener auch im Regenbogen wahrnehmen, der durch Brechung und Spiegelung des Sonnenlichts in den fallenden Wassertropfen entsteht. Das Spektrum fällt, wenn wir es mit unseren Augen betrachten, bei Rot, und Violett plötzlich ins Dunkel ab. Das liegt aber an der Einrichtung unserer Augen; mit anderen Mitteln können wir feststellen, daß auch unterhalb des Violett und oberhalb des Rot noch Strahlung auf die Wand fällt. Wenn wir z. B. anschließend an das Violett (im Ultraviolett) eine photographische Platte auf

Wellen-länge								
		$1\,\mu\mu$	$1\,\overset{\circ}{A}$ $1\,m\mu$	$1\,\mu$	$1\,cm$ $1\,mm$	$1\,m$	$1\,km$	
Art der Strahlung	γ-Strahlen des Radiums und kürzeste Wellen i.d. Höhenstrahlg.	Röntgen-strahlen	ultraviolett	sichtbares Licht	infrarot (Wärme-strahlen)	elektr. Wellen		

Abb. 53. Übersicht über die gesamte Strahlung
($1\,\mu$ = 0,001 mm, 1 mμ = 0,001 μ, 1 $\overset{\circ}{A}$ = 0,0001 μ usw.).

die Wand legen, wird sie noch ein ganzes Stück über die violette Kante hinaus geschwärzt. Wir kommen noch ein kleines Stück weiter, wenn wir statt unseres Glasprismas ein Prisma aus Quarz nehmen, aber an einer gewissen Stelle findet sich auch nun wieder eine Kante, und wir wollen uns gleich jetzt merken, daß wir jenseits dieser Grenze auch durch andere Mittel keine Sternstrahlung nachweisen können. Die Strahlung, die hierhin gebrochen werden würde, bleibt bereits in der Lufthülle der Erde stecken! Auch oberhalb des Rot können wir die Strahlung nachweisen, indem wir mit einem Thermometer oder noch besser einem Thermoelement (S. 60) an der Wand aufwärts fahren. Wir können damit schon im Ultraviolett anfangen; das angeschlossene Galvanometer wird überall durch Ausschlagen das Auftreffen von Wärmestrahlung anzeigen, bis wir jenseits der roten Kante des Spektrums schließlich an eine Grenze kommen. Auch hier ist zunächst unser Glasprisma die Ursache, und wir können die Grenze noch etwas weiter hinausschieben, wenn wir ein Prisma aus Steinsalz nehmen, durch das noch Wärmestrahlen hindurchgehen, die im Glas steckenbleiben. Für manche Untersuchungen ist das von großer

Bedeutung, aber bei unserem Vorhaben nützt es uns nicht viel. Wir müßten schon ganz auf das Prisma verzichten und das Spektrum auf andere Art (durch ein „Gitter") erzeugen. Dann könnten wir mit unserem Thermoelement noch sehr viel weiter klettern, bis die Wärmewirkung aufhört. Aber schon lange vor dieser Grenze können wir das Thermoelement durch einen Empfänger für elektrische Wellen ersetzen und durch ihn die Strahlung anzeigen lassen (Abb. 53).

Wellen im Strahlungsstrom

Wir haben auch so schon die Grenze unserer Versuchsanordnung weit überschritten. Was wir uns vorgestellt haben, ist auf so einfache Weise nicht auszuführen. Aber hierauf kommt es uns jetzt nicht an. Uns ist nur die Einsicht wichtig, daß sich weiße Strahlung, wenn wir ihr Gelegenheit dazu geben, in eine lückenlose Folge von Strahlungen auflöst, die wir auf einer sehr kurzen Strecke nahe dem einen Ende dieser Folge als Farben unterscheiden können und im übrigen durch ein Merkmal kennzeichnen müssen, dem sie ihren Platz in dieser Folge verdanken. In dem Gebiet, in das unser Versuch uns am Ende geführt hat, sind wir damit vertraut: elektrische Wellen unterscheiden wir durch ihre *Wellenlänge* oder auch durch die Zahl der „Wellenberge", die in jeder Sekunde über uns hinweggehen (die *Frequenz*). Die langen elektrischen Wellen, deren Wellenlänge wir in Metern ausdrücken, werden durch besondere elektrische Vorrichtungen erzeugt (Sender). Die längsten Wellen, die durch ihre Wärmewirkung merkbar werden, sind kürzer als 1 mm. Unser Auge verarbeitet nur Wellen zwischen 4 und 8 Zehntausendsteln des Millimeters (das sind 375 bis 750 Billionen Wellenberge in der Sekunde), ultraviolette und Röntgenstrahlen haben noch kürzere Wellen (und entsprechend größere Frequenzen). Bei der Beobachtung der Sternstrahlung setzt uns die Erdatmosphäre eine Grenze bei einer Wellenlänge von 0,0003 mm, weil das in den hohen Schichten vorhandene Ozon keine kürzeren Wellen durchläßt.

Stärke und Art der Strahlung folgen der Temperatur

Durch unsere Versuche wissen wir, daß es von der Temperatur des strahlenden Körpers abhängt, welche Teile der möglichen

Strahlung er aussendet. Wir werden diese Abhängigkeit besser durchschauen, wenn wir uns das Spektrum eines Strahlers bei verschiedenen Temperaturen ansehen. Das können wir tun, indem wir in unserer Anordnung (Abb. 52) draußen vor dem Spalt einen dünnen Draht anbringen, der durch dickere Drähte mit einer Stromquelle (Lichtnetz) verbunden ist. In den einen Strang der Zuleitung müssen wir noch einen veränderlichen Widerstand einbauen, damit wir die Stärke des durchgehenden Stromes verändern können, und wenn wir durch unseren Versuch die vermutete Abhängigkeit wirklich aufklären wollen, dann müßten wir auch noch ein Amperemeter einschalten, mit dem wir die Stärke des Stroms messen können. Wir beginnen unseren Versuch mit einem sehr hohen Widerstand. Die Stromstärke ist klein, und der Versuchsdraht wird nicht einmal warm. Allmählich vermindern wir den Widerstand und warten ab, wann sich auf dem Schirm, mit dem wir das Spektrum auffangen, etwas zeigen wird. Wir werden nicht so lange warten, bis wir etwas sehen, weil wir ja wissen, daß sich die Strahlung bei ansteigender Temperatur zuerst als Wärme kundgibt. Wir müssen also die Kugel eines empfindlichen Thermometers oder ein Thermoelement an der Wand anbringen, aber nicht da, wo das sichtbare Spektrum zu erwarten ist, sondern darüber. Wenn wir durch allmähliche Verminderung des Widerstands eine gewisse Stromstärke erreicht haben, zeigt das Thermoelement eine Erwärmung durch Strahlung an, und je mehr wir die Stromstärke und damit die Temperatur des Versuchsdrahtes erhöhen, desto mehr Strahlung zeigt das Thermoelement an. Schließlich kommt auch der Zeitpunkt heran, wo wir etwas zu sehen bekommen: auf dem Schirm erscheint ein roter Streifen (ein rotes Bild des Fadens, den wir nun auch schwach rot leuchten sehen). Der rote Streifen wird heller und leuchtender; er wird auch nach unten hin breiter, aber die weiterrückende Kante ist bald nicht mehr rot, sondern gelblich. Bei der weiteren Ausdehnung kommt Grün hinzu und schließlich — immer durch eine Zwischentönung hindurch — Blau und Violett (der Faden leuchtet nun weiß). Während dieser ganzen Zeit der Temperatursteigerung ist aber die von dem Thermoelement gemeldete Strahlung gestiegen: mit der Temperatur steigt die Gesamtmenge der Strahlung, und gleichzeitig kommen zu den anfänglich allein vorhandenen langen Wellen immer kürzere hinzu. Die kürzeren Wellen gewinnen sogar schließlich den Vorrang; es müssen aber sehr hohe Temperaturen erreicht werden, wenn die größte Stärke der Strahlung ins Blau oder Violett rücken soll.

Die Beziehungen zwischen Strahlung und Temperatur sind zwar sehr deutlich, aber nicht einfach, und erst gründliche Erforschung der Strahlungsvorgänge hat zu den Formeln geführt, aus denen man, wenn man irgendeine Temperatur hineinsetzt,

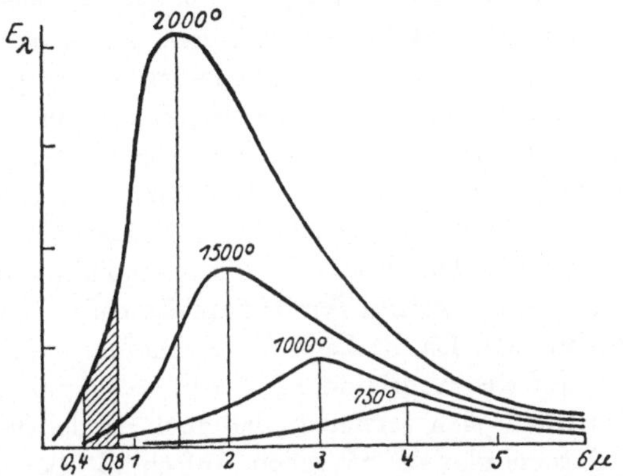

Abb. 54. Abhängigkeit der Strahlung von der Temperatur.

die Stärke der Strahlung für jede beliebige Wellenlänge oder die Wellenlänge, in der die Strahlung am stärksten ist, oder den Betrag der Gesamtstrahlung durch Rechnung entnehmen kann. Was sich dabei ergibt, kann man auch aufzeichnen, wie es in Abb. 54 für vier verschiedene Temperaturen geschehen ist. Zu jeder Temperatur gehört eine Kurve, und die Stärke der Strahlung von einer bestimmten Wellenlänge wird angezeigt durch die Höhe, die diese Kurve bei der angenommenen Wellenlänge erreicht. Die Wellenlängen werden durch die in gleichen Abständen unter die Grundlinie gesetzten Zahlen angegeben. In unserer Abbildung bedeuten die ganzen Zahlen Wellenlängen von 0,001, 0,002 bis 0,006 mm. Nach den kurzen Wellen hin fallen die Kurven steil ab; man erkennt daran, wie gering der als Licht sichtbare Teil (von 0,0004 bis 0,0008 mm) im Verhältnis zur Gesamtstrahlung selbst noch bei Temperaturen von 2000° ist. Wie bei höheren

6*

Temperaturen das Strahlungsmaximum durch das sichtbare Gebiet hindurchwandert, zeigt die Abb. 37 auf Seite 57. (Die Wellenlängen sind dort in Ångström-Einheiten angegeben: 1 Å = 0,000 000 1 mm). Die Kurven stellen die Strahlung eines Normalstrahlers von bestimmten Eigenschaften dar. Die Strahlung wirklich vorkommender Körper kann sehr davon abweichen, die Strahlung der Sterne ist aber eine ziemlich normale Strahlung.

Wir können jetzt die Temperatur der Sterne bestimmen

Die Einsicht in die Strahlungsverhältnisse, die wir nun gewonnen haben, bringt uns an das Ziel, das wir schon einmal angedeutet haben: wir können die Temperatur der Sterne bestimmen. Am einfachsten erscheint dieser Weg: Wir entwerfen ein Spektrum und stellen durch Messung der Strahlungsintensität an verschiedenen Stellen fest, bei welcher Wellenlänge die Strahlung am stärksten ist. Eine Durchsicht unserer Sammlung von Kurven muß dann zeigen, auf welche Temperatur das paßt (in Wirklichkeit *rechnet* man das). Da die Lage des Strahlungsmaximums für die Wirkung auf das Auge und auf die photographische Platte maßgeblich ist, läßt sich verstehen, daß auch der leichter zu bestimmende Farbenindex (S. 76) einen Aufschluß über die Temperatur der Sterne gibt. Es ist nicht immer möglich, an das Strahlungsmaximum heranzukommen (z. B. bei sehr hohen Temperaturen). Das ist aber auch nicht nötig. Denn wenn wir die Strahlungsintensität in einem einigermaßen großen Bereich des Spektrums messen, so daß beim Aufzeichnen der Werte eine deutliche Kurve zustande kommt, dann können wir auch immer (durch Rechnung!) die Temperatur ermitteln, in deren Strahlungskurve das gefundene Stück paßt. Auf die Schwierigkeiten, die sich dabei aus den Abweichungen der Sternstrahlung von normaler Strahlung ergeben, wollen wir nicht eingehen; wir wollen dabei aber bemerken, daß uns diese Abweichungen nicht etwa nur lästig sind, sondern daß sie uns auch besondere Aufschlüsse über die Natur der Sternatmosphären geben.

Die Sterntemperaturen, auf die wir durch diese Methoden geführt werden, sind sehr hoch. Die kältesten und dabei rötesten Sterne haben etwa dieselbe Temperatur wie der glühende Faden einer elektrischen Glühlampe (2000°), und für die heißesten

„weißen" Sterne ergeben sich Temperaturen von 30 000⁰. Wir haben also keine Möglichkeit, die Spektren aller Fixsterne unmittelbar mit einem Spektrum irdischer Temperatur zu vergleichen. Die hohen Temperaturen beruhen daher auf unserem Vertrauen zur Richtigkeit der Strahlungsgesetze.

Aus den Strahlungsgesetzen ergibt sich auch, wie groß die Gesamtstrahlung ist, die ein Körper bei einer bestimmten Temperatur aussendet. Da wir die Gesamtstrahlung oder gewisse Teile davon messen, wenn wir die Helligkeit der Sterne mit dem Thermoelement oder mit dem Photometer oder photographisch bestimmen, so werden wir zunächst erwarten, daß sich gerade auf diesem Wege viel über die Temperaturen der Sterne ergeben wird. Das ist aber leider nicht so, und wenn wir uns genauer überlegen, was das Strahlungsgesetz aussagt, dann sehen wir auch sehr schnell, warum es nicht so ist. Durch die Temperatur ist festgelegt, wieviel Strahlung jeder Quadratzentimeter der Oberfläche eines Körpers ausstrahlt; wieviel im ganzen ausgestrahlt wird, hängt von der Größe des Körpers ab, und darüber wissen wir bei den Sternen im allgemeinen gar nichts.

Über die Sonne wissen wir allerdings gut Bescheid. Ihre Oberfläche können wir berechnen, und ihre Gesamtstrahlung läßt sich, da sie kräftig genug ist, durch ihre sehr deutliche Wärmewirkung messen. Doch bleibt auch da noch mancherlei zu überlegen und zu rechnen, bis wir sagen können, wieviel Strahlung jeder Quadratzentimeter ihrer Oberfläche ausstrahlt, und daß diese Oberfläche deshalb eine Temperatur von 6000⁰ haben muß. Bei den Fixsternen fehlt uns nun aber das meiste von dem, was uns bei der Sonne bekannt ist. Am bedenklichsten scheint es zunächst, daß uns nur bei wenigen Sternen die Entfernung bekannt ist. Aber die brauchen wir merkwürdigerweise gar nicht. Unumgänglich nötig ist aber, daß wir den scheinbaren Durchmesser kennen, den Winkel also, unter dem uns die Fixsternoberfläche erscheint. Denken wir uns, wir wüßten von einem Sterne seinen Winkeldurchmesser. Wenn wir nun für seine Entfernung irgend einen Wert annehmen, können wir für diese seinen wahren Durchmesser und damit seine wahre Oberflächengröße ausrechnen. Wollen wir nun seine Gesamtstrahlung, die er uns aus Sonnenentfernung zusenden würde, berechnen, so müssen wir die gemessene Strahlung durch das

Quadrat der Entfernung dividieren, andererseits aber aus dem Winkeldurchmesser die Oberfläche (als Kreis) durch Multiplikation des Winkeldurchmessers mit dem Quadrat der Entfernung berechnen. Diese beiden Operationen heben sich also gegenseitig auf.

Was für Winkeldurchmesser haben wir wohl zu erwarten? Die Sonne sehen wir aus einer Entfernung von 150 Millionen km, als Fixstern würde sie mit 150 Billionen km (15 Lichtjahren) noch zu den näheren zu rechnen sein. In solchem Abstande würde uns aber ihr Durchmesser auch 1 Million mal so klein erscheinen

Durchmesser und Oberflächentemperatur einiger Sterne

Stern	Scheinbarer Durchmesser (″)	Effektive Temperatur in ⁰	Entfernung in Lichtjahren	Wahrer Durchmesser
Arktur	0,022	4200	38	27 × Sonne
Aldebaran	0,020	3900	57	37
Antares	0,040	3300	160	210
Beteigeuze . . .	0,047	3300	270	410
β Pegasi	0,021	3100	160	110
α Herculis	0,021	3300	470	320
o Ceti (Mira) . . .	0,056	2400	250	450

wie jetzt. Sie würde so groß erscheinen wie ein Fünfmarkstück in 3000 km Entfernung. Wir können ausrechnen, daß das ein Winkel von $^2/_{1000}$ Bogensekunden ist, aber sehen und messen können wir das nicht. Es gibt jedoch Fixsterne, die sehr viel größer sind als die Sonne und deshalb einen etwas merklicheren Platz am Himmel einnehmen. So groß und so nah, daß wir ihn im Fernrohr als Scheibe sehen könnten, ist allerdings keiner. Es ist aber gelungen, die Vergrößerungsleistung der Fernrohre durch eine besonders hinterlistige Methode zu steigern und die scheinbaren Durchmesser einiger Fixsterne zu messen; und bei diesen Sternen können wir auch die effektive (nach außen wirksame) Temperatur angeben.

Auch über die Größe der Sterne erfahren wir etwas

Bei den in der Tabelle aufgeführten Sternen wissen wir auch, wie weit sie von uns entfernt sind, und können daher berechnen, wie groß sie wirklich sind. Wir haben es hier mit Sonnen zu tun, von denen einige so groß sind, daß in ihnen die Erde ihre Bahn durchlaufen könnte (der Durchmesser der Erdbahn beträgt 215

Sonnendurchmesser). Wenn Beteigeuze oder Mira uns so nahe wären wie α Centauri, so würden wir sie im Fernrohr als kleine Scheiben sehen. Es ist wohl anzunehmen, daß diese Sterne zu den größten Sonnen gehören, die es überhaupt gibt, und es ist daher nicht wahrscheinlich, daß es bei einer großen Zahl von Fixsternen gelingen wird, die scheinbaren Durchmesser zu messen und auf diesem Wege ihre Temperatur zu bestimmen. Es ist aber nach diesen Überlegungen einleuchtend, daß vielleicht auch der umgekehrte Weg eine Bedeutung hat. Wenn wir auf andere Weise (S. 84) die Temperatur eines Sterns bestimmt haben, dann ist durch seine gemessene Helligkeit sein scheinbarer, und wenn auch noch die Entfernung bekannt ist, sein wahrer Durchmesser festgelegt. Auf diesem Umwege läßt sich eine Übersicht über die in der Fixsternwelt üblichen Größenverhältnisse gewinnen. Es stellt sich dabei heraus, daß unsere Sonne zu den kleinsten Sternen gehört, daß aber Fixsterne, die (dem Durchmesser nach) hundertmal so groß sind, selten sind. Die folgende Tabelle enthält die Mittelwerte der Durchmesser für gewisse Klassen von Sternen (S. 101). Es ist dabei zu beachten, daß es viel mehr Zwerge als Riesen unter den Sternen gibt.

Durchschnittliche Sterndurchmesser

	Spektralklasse	Durchmesser
Riesen	M	$42 \times$ Sonne
	K	15
	G	9
	F	4
	B	8
	A	2
Zwerge	F	1,4
	G	1,0
	K	0,7
	M	0,5
weiße Zwerge (s. S. 106)		0,005

Lücken im Spektrum

Alles, was wir bisher durch das Spektrum über die Fixsterne erfahren haben, beruht auf den Helligkeitsverhältnissen in dem „lückenlosen Farbenband", als das wir das Spektrum eingeführt und bisher angesehen haben. Es gibt auch wirklich solche Spektren. Wenn wir einen Draht zum Glühen bringen, können wir ein lückenloses (kontinuierliches) Spektrum erhalten. Ein Blick auf die Sternspektren der Abb. 61 zeigt uns aber sofort, daß die Spektren der Himmelskörper nicht so aussehen. In diesen Spektren gibt es Lücken, einige breite und eine große Menge schmaler Lücken. Was bedeutet das?

Wir wollen uns noch einmal überlegen, wie wir ein Spektrum zustande bringen, und es bei dieser Gelegenheit so machen, wie man es in Wirklichkeit macht. In der Abb. 55 ist F das astronomische Fernrohr. Die von einem Fixstern kommenden Strahlen fallen (zueinander parallel) durch das Objektiv O und werden im Brennpunkt zu einem Bilde des Sterns vereinigt. Von diesem leuchtenden Punkte, der uns den Stern ersetzt, gehen die Strahlen weiter und werden durch eine Linse wieder parallel gemacht. Wir lassen sie zunächst durch einen Spiegel auf eine andere Linse werfen, die sie auf der photographischen Platte bei P wieder zu einem leuchtenden Punkte vereinigt. Der Punkt bei P ist ein Bild des Sterns bei S, und wenn wir das Fernrohr auf die Sonne richten und aus dem scheibenförmigen Sonnenbild bei S durch einen Spalt einen schmalen Streifen herausschneiden, dann erhalten wir auf der Platte P ein Bild dieses Spaltes: eine schmale helle (auf der Platte dunkle) Linie. Wenn wir nun den Spiegel wegnehmen und dafür ein Prisma zwischen die beiden Linsen des Spektrographen setzen, erhalten wir wie vorher eine Abbildung des Spaltes. Es macht sich aber jetzt bemerkbar, daß sich die Strahlen von verschiedener Wellenlänge beim Eintritt in das Prisma trennen und auf verschiedenen Wegen nach P weitergehen. Es entsteht deshalb bei P nicht ein Bild von S, sondern eine ganze Reihe von Bildern (violette Strahlen werden mehr abgelenkt als rote). Das Spektrum ist also ein Nebeneinander von Spaltbildern, deren jedes von Strahlen einer bestimmten Wellenlänge erzeugt wird. Diese Folge

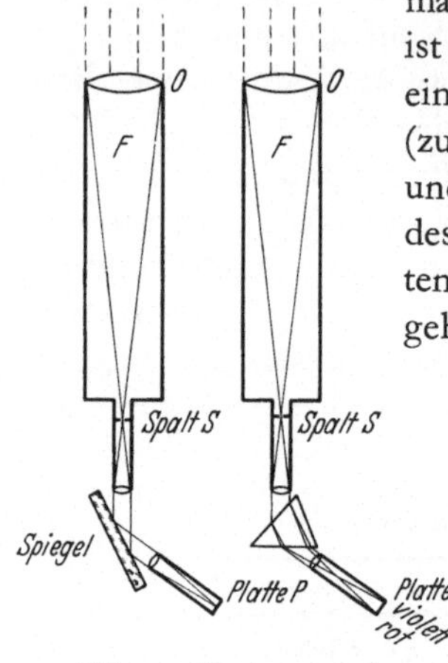

Abb. 55. Spektrograph am Fernrohr (Schema).

von Spaltbildern ist lückenlos, wenn das untersuchte Licht Strahlen *aller* Wellenlängen enthält. Finden wir also Lücken im kontinuierlichen Spektrum, so bedeutet das, daß die zu gewissen Wellenlängen gehörenden Spaltbilder fehlen, und wir müssen annehmen, daß diese Wellenlängen in der Strahlung der Lichtquelle nicht enthalten sind.

Die Linienspektren der chemischen Elemente

Wie sollen wir uns das Zustandekommen dieser Erscheinung vorstellen? Sind diese Wellenlängen auf dem Wege zu uns aufgehalten worden, oder können schon bei der Aussendung des Lichts Strahlen fehlen? Daß nicht jede Lichtquelle eine kontinuierliche Strahlung aussendet, davon können wir uns leicht überzeugen. Wir brauchen dazu nur eine Spiri-

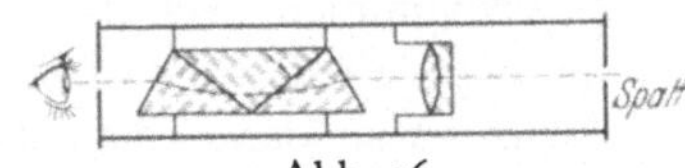

Abb. 56.
Geradsichtiges Spektroskop.

tusflamme oder die Flamme des Gasherdes. Diese Flammen leuchten wenig. Wenn wir aber Kochsalz hineinstreuen, leuchten sie hellgelb auf. Sehen wir mit einem Spektroskop in diese gelbe Flamme (am bequemsten mit einem geradsichtigen Taschenspektroskop, Abb. 56), so erleben wir eine Überraschung. Von einem kontinuierlichen Spektrum ist nichts zu sehen. Es ist nur eine einzige gelbe Linie vorhanden, ein einziges gelbes Spaltbild, das da steht, wo sonst das

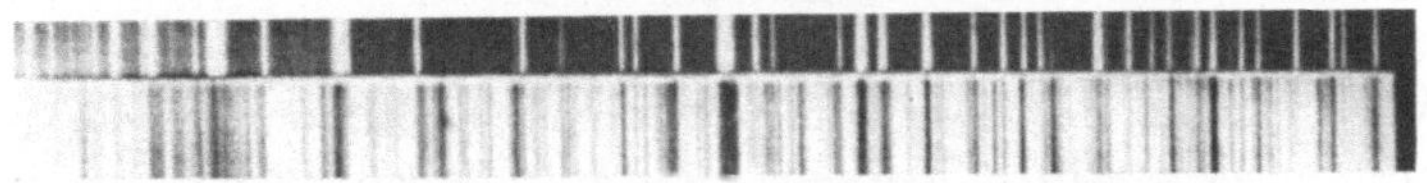

Abb. 57. Ausschnitt aus dem Linienspektrum des Eisens
über Spektrum von Arktur.

hellste Gelb im kontinuierlichen Spektrum liegt. Die Kochsalzflamme strahlt also nur in einer einzigen Wellenlänge, das Natriumatom, von dem die Strahlung herrührt, kann nur in diesem Rhythmus schwingen (das Kochsalz besteht aus Natriumatomen und Chloratomen). So wie beim Natrium ist es bei allen chemischen Elementen, wenn sie sich im *gasförmigen* Zustande befinden. Ihre Spektren bestehen aus einzelnen Linien; bei manchen Elementen sind es wenige, bei manchen sehr viele, beim Spektrum des Eisendampfes z. B. mehrere Tausend (Abb. 57). Kontinuierlich ist dagegen die Strahlung fester und flüssiger Körper, weil in ihnen die Atome durch die enge Zusammendrängung ihre Selbständigkeit verloren haben und nicht in der Lage sind, in ihrer natürlichen Art zu strahlen.

Durch ihre Linienspektren sind die Elemente zu erkennen, wenn eine chemische Untersuchung nicht möglich ist. Wo die gelbe Natriumlinie, die sich bei stärkerer Vergrößerung als doppelt erweist, auftritt, ist sicher Natrium vorhanden; eine rote und eine kräftige violette Linie sind für Kalium charakteristisch. Außer diesen besonders auffälligen Linien zeigen aber auch schon diese Elemente sehr viele andere. Bei linienreichen Spektren kann es wohl vorkommen, daß eine Linie an derselben Stelle des Spektrums liegt, an der auch bei einem anderen Element eine Linie erscheint. Aber dann ist ganz bestimmt bei den anderen Linien keine Übereinstimmung zu finden, die Spektren sind also immer voneinander zu unterscheiden. Aus dem Linienspektrum läßt sich aber noch mehr entnehmen als das Vorhandensein bestimmter Elemente. Wenn z. B. der Druck verstärkt wird, unter dem das leuchtende Gas steht, so werden die Linien breiter und verwaschener; auch die Helligkeit der Linien kann sich dabei ändern. Da die Wirkung auf verschiedene Linien ganz verschieden sein kann, ergibt sich eine Möglichkeit, aus dem Spektrum zu schließen, wie dicht das Gas ist, von dem es herrührt, auch wenn es sich auf der Oberfläche eines Fixsterns befindet.

Den auffälligsten Einfluß auf das Spektrum hat die Temperatur. Wir wissen ja, daß überhaupt erst von einer bestimmten Temperatur an bemerkbare Strahlung einsetzt, und daß bei kontinuierlichen Strahlern das Spektrum mit dem Steigen der Temperatur vom Ultrarot her ins sichtbare Gebiet und schließlich über das Violett hinaus ins Ultraviolett hineinwächst. Ebenso treten auch bei den leuchtenden Gasen nicht alle Linien gleichzeitig auf, wenn eine bestimmte Temperaturschwelle überschritten wird. Selbst von den Linien eines Elements erscheinen zunächst nur eine oder einige, andere erst bei viel höherer Temperatur. Bei sehr hohen Temperaturen verlieren die Gasatome ihren festen Zusammenhalt, und es kann vorkommen, daß eins von den kleinen Teilchen (Elektronen), die sich irgendwie um den Kern des Atoms bewegen, wegfliegt. Damit ändert sich die Strahlung des Atoms vollständig. Das Spektrum des um ein oder mehrere Elektronen ärmeren Atoms hat ganz andere Linien als das vollständige. Die dicken Kalziumlinien H und K z. B. (Abb. 61) werden nicht vom gewöhnlichen „neutralen", sondern vom „ionisierten" Kalziumatom hervorgerufen. Wie viele Atome vollständig sind und wie viele nicht, welche Linien also wirklich auftreten, und in welcher Stärke sie zu erwarten sind, hängt in der Hauptsache von der Temperatur und von der Dichte an der Quelle der Strahlung ab. Es ist deshalb gewiß, daß wir durch die Linienspektren viel über die Beschaffenheit der Fixsternatmosphären erfahren können. Die Deutung der Erscheinungen ist aber außerordentlich schwierig, weil wir uns hier schon in einem Gebiet ganz verzwickter Zusammenhänge bewegen. Schon das, was wir angedeutet haben, ist bei weitem nicht so einfach, wie es hier auf dem geduldigen Papier steht, und umfaßt schon einen erheblichen Teil der Erkenntnisse, zu denen die Physik in den letzten Jahrzehnten vorgedrungen ist.

Die Entstehung der dunklen Linien

Was uns beim Anblick des Sonnenspektrums aufgefallen ist, waren allerdings nicht *helle* Linien, sondern Lücken im kontinuierlichen Spektrum, *dunkle* Linien. Bei der Betrachtung linienarmer Spektren (z. B. Ao, Abb. 61) fällt es aber bald auf, daß diese dunklen Linien dieselbe Anordnung zeigen wie die hellen Linien gewisser Elemente (Abb. 58), und es läßt sich durch Messung nachweisen, daß sie an genau denselben Stellen des Spektrums auftreten.

Wir verschaffen uns eine weiß leuchtende Strahlungsquelle, einen glühenden festen Körper, der, wie wir wissen, Strahlung aller Farben aussendet, eine elektrische Lampe z. B. Davor stehe eine gelbe Natriumflamme. Was hier vor sich geht, können wir so nicht recht feststellen, es genügt aber ein Taschenspektroskop, um es an den Tag zu bringen. Wenn wir uns die Glühbirne damit ansehen, bekommen wir das zu erwartende kontinuierliche Spektrum, in dem sich die Farben vom Rot bis zum Violett aneinanderreihen. Und wenn wir es nach der noch abseits stehenden Natriumflamme hinwenden, sehen wir auch, was wir schon kennen: die gelbe Natriumlinie. Nun setzen wir die Natriumflamme vor die elektrische Lampe und sehen mit dem Spektroskop in sie hinein. Jetzt sehen wir etwas Neues. Das kontinuierliche Spektrum ist da, es kommt also durch die Natriumflamme hindurch, und die Natriumlinie ist auch da, aber es ist eine *dunkle* Linie im gelben Teil des kontinuierlichen Spektrums. Wie kommt das zustande? Man muß sich den Vorgang so vorstellen, daß die

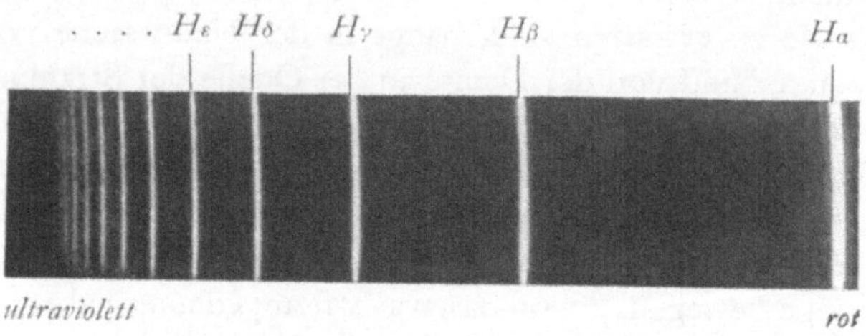

Abb. 58. Linien-Serie des Wasserstoffs.

Natrium-Atome besonders gern auf das spezielle gelbe Licht ansprechen. Das ist ein Fall von Resonanz, wie wir ihn aus der Musik kennen. Im Klavier z. B. hat jede Saite je nach ihrer Länge und ihrer Spannung einen ganz festen Ton. Schlägt man sie an, so sendet sie diesen Ton aus. Gibt man einen Ton in das Klavier hinein, z. B. mit einer Flöte, so schwingt auch nur die Saite mit, die gerade auf den Flötenton abgestimmt ist (wenn man durch Druck aufs Pedal die Dämpfung aufgehoben hat).

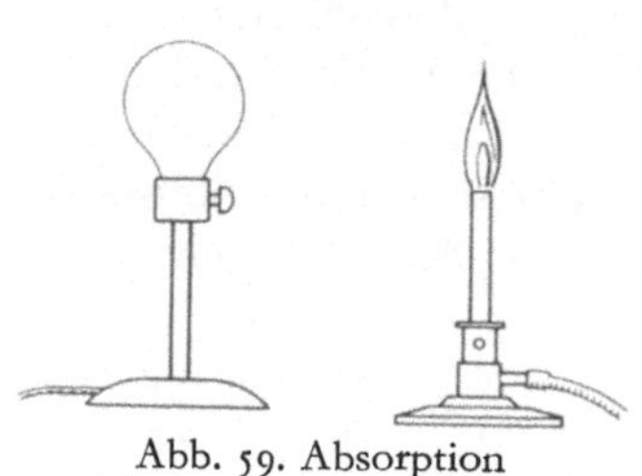

Abb. 59. Absorption in leuchtenden Gasen.

Von dem Licht der Glühlampe nehmen die Atome des heißen Natriumdampfes dieses besondere gelbe Licht heraus. Sie verschlucken es aber nicht endgültig, sondern senden es auch wieder aus, aber nach allen Seiten, so daß wir mit unserem Taschenspektroskop nur einen kleinen Teil dieses gelben Streulichtes sehen können. Dadurch ist von dem gelben Glühlampenlicht alles weggenommen und nach allen Seiten zerstreut worden, so daß diese Stelle im Farbenband des Spektroskops für uns dunkler wird, wenn wir durch die Flamme hindurchsehen.

Machen wir nun durch einen elektrischen Widerstand die Lampe dunkler und dunkler, so gibt es einen Zeitpunkt, in dem die

Temperatur der Natriumflamme höher ist als die des Glühlampen-
drahts. Dann überwiegt die eigene Strahlung der Natriumflamme
und die Linie erscheint hell auf dem bunten Spektrum.

Das Sonnenspektrum verrät uns mancherlei über die Sonne

Jetzt können wir uns auch beim Anblick des Sonnenspektrums etwas denken. Das Spektrum ist kontinuierlich wie das
eines festen Körpers. Der Sonnenkörper muß aber von einer
Atmosphäre umgeben sein, so, wie die Erde von ihrer Lufthülle.
Durch diese Gashülle muß die konstinuierliche Strahlung hindurch, ehe sie ihre Reise in den Weltraum antreten kann. Dabei
verschluckt jedes in der Atmosphäre enthaltene Gas die Wellen,
in denen es selber strahlen kann, und so erscheinen im Spektrum
die dunklen Linien der Gase, die in der Sonnenatmosphäre vorhanden sind. Auch sie sind nicht ganz dunkel; ihre Resthelligkeit
entspricht aber nicht wie bei unserem Laboratoriumsversuch der
Temperatur der Sonnenschichten, die sie verursachen, weil der
Mechanismus der Strahlung in so dünnen Gasen ganz anders
arbeitet.

Das Sonnenspektrum ist ungeheuer linienreich (es sind über
60000 Linien bekannt), und es ist eine fast aussichtslose Aufgabe,
aus diesem Gewirr die zusammengehörigen Linien herauszufinden
und dadurch die Elemente zu erkennen. Möglich wird auch das
nur durch genaues Messen. Man muß Sonnenspektren aufnehmen,
die sehr weit auseinander gezogen sind, und darin die Wellenlängen der Linien messen, und man muß im Laboratorium für
jedes Element die Wellenlängen seiner charakteristischen Linien
bestimmen. Auf diese Weise sind die Linien von etwa 50 Elementen im Sonnenspektrum festgestellt worden. Diese Elemente
sind also *sicher* in der Sonnenatmosphäre vorhanden. Wir können
aber nicht sagen, daß die anderen Elemente nicht auf der Sonne
vorkommen. Denn es könnte ein Element in der Atmosphäre
fehlen, aber im Innern der Sonne vorkommen, und es kann auch
in so kleinen Mengen da sein, daß seine Absorption unbemerkbar
bleibt. Wir wissen aber auch, daß es von der Temperatur und der
Dichte und manchmal auch noch von anderen Anregungs-
bedingungen abhängt, ob und mit welchem seiner möglichen
Spektren ein Element auftritt. Es kann deshalb vorkommen, daß

wir ein Element auf der Sonne nicht feststellen können, weil seine Linien in einem Teil des Sonnenspektrums liegen, der unserer Beobachtung nicht zugänglich ist (z. B. im Ultraviolett, das von der Erdatmosphäre verschluckt wird). Bei den meisten der fehlenden Elemente liegen die Bedingungen so; wir können also getrost annehmen, daß fast alle Elemente in der Sonne vorhanden sind. Auch die Mengenverhältnisse scheinen ähnlich zu sein wie auf der Erde. Das läßt sich nicht so ohne weiteres aus dem Spektrum ablesen, weil gleiche Mengen verschiedener Elemente nicht gleich viele und gleich starke sichtbare Spektrallinien hervorrufen. Die Tausende von Eisenlinien besagen z. B. nicht, daß das Eisen in so überwiegender Menge vorhanden ist, sondern, daß das Eisenatom unter solchen Bedingungen gerade zur Strahlung in diesen vielen uns sichtbaren Wellenlängen fähig ist. Durch tiefere Einsicht in die Strahlungsvorgänge hat sich aber ergeben, daß die Stärke und das Aussehen der Linien etwas mit der Menge der beteiligten Atome zu tun haben, und soweit es bisher möglich war, diesen sehr verwickelten Zusammenhang rechnerisch zu verfolgen, haben sich ähnliche Verhältnisse wie auf der Erde ergeben. Eine Ausnahme ist der Wasserstoff, der auch bei uns als Bestandteil des Wassers und der vielen chemischen Verbindungen in der Pflanzen- und Tierwelt eine wichtige Rolle spielt, in der Sonnenatmosphäre aber in ganz überwiegender Menge vorhanden ist.

Eisengas in der Sonnenatmosphäre

Alle Elemente, die wir im Spektrum der Sonne feststellen, kommen dort als Gase vor. Denn Spektral*linien*, sowohl helle (Emission) wie dunkle (Absorption), können immer nur von Gasen herrühren. Auch so kompakte Stoffe wie Eisen, Nickel und andere Metalle, bei denen wir schon allerhand Mühe aufwenden müssen, um sie zu schmelzen, erfüllen die Sonnenatmosphäre so wie Sauerstoff und Stickstoff die Erdatmosphäre. Wir werden uns aber darüber nicht wundern, denn wir wissen bereits, daß die Sonnenoberfläche (die Photosphäre), von der die Strahlung mit dem kontinuierlichen Spektrum herkommt, eine Temperatur von etwa 6000⁰ hat, und wir wissen auch, daß bei so ungeheurer Hitze die schwersten Metalle nicht nur schmelzen, sondern sogar verdampfen (Eisen schmilzt bei 1500⁰ und siedet bei 3000⁰). An der Sonnenoberfläche wären aber gar nicht einmal so hohe Temperaturen nötig, um diese Elemente im gasförmigen Zustande zu erhalten. Die Siedetemperaturen, die uns geläufig sind, gelten nämlich nur für die Verhältnisse an der Erdoberfläche, wo die über den Flüssigkeiten liegende Luft gerade den Druck ausübt, den wir „eine Atmosphäre" nennen. Wenn wir auf einem 6000 m hohen Berge Wasser erhitzen, siedet es schon bei einer Temperatur von 80⁰, und wenn wir aus einem geschlossenen Kochtopf mit Hilfe einer kräftigen Luftpumpe den entstehenden Wasserdampf dauernd absaugen, können wir Wasser bei ganz niedrigen Temperaturen zum Sieden bringen. In der Sonnenatmosphäre ist der Druck sehr gering, auch in ihrer untersten Schicht, weil sie zwar eine große Höhe hat, aber sehr dünn ist. Während der Luftdruck das Quecksilber in unseren Barometern 76 cm hinaufdrückt, würde die Sonnenatmosphäre es nicht einmal 1 cm hinaufdrücken (wenn das Quecksilber dort ebensoviel wiegen würde wie bei uns!). Unter solchen Bedingungen würde Wasser schon bei 10⁰ vollständig verdampfen, und auch die schwer verdampfbaren Stoffe gehen bei so geringem Druck schon bei sehr viel niedrigeren Temperaturen in den gasförmigen Zustand über. Es ist also gar nicht sonderbar, daß wir alle diese Elemente in der Sonnenatmosphäre finden.

Die Sonne eine Gaskugel?

Was sollen wir uns aber unter der Sonnen,,oberfläche" vorstellen, von der wir so häufig gesprochen haben? Sie kann bei einer Temperatur von 6000⁰ ebensowenig fest oder flüssig sein wie die darüberliegenden Schichten. Der Druck wird freilich größer, wenn wir durch die „Oberfläche" in das Innere eindringen, die Temperatur steigt aber ebenfalls an und sorgt dafür, daß alles Flüssige schleunigst verdampfen würde, wenn es irgendwo vorhanden wäre. Wir sind offenbar auf einem falschen Wege, wenn wir nach dem Muster der Erde auch unter der Sonnenatmosphäre einen festen oder flüssigen Kern suchen. Es spricht alles dafür, daß die Sonne durch und durch gasförmig, eine große Gaskugel ist. Daß wir eine scharf begrenzte Sonne sehen und keinen verschwommenen Gasball, spricht nicht dagegen. Aus mehreren

Gründen tritt in einer bestimmten Schicht ein so plötzlicher Helligkeitsabfall ein, daß die *optische* Grenze ein scharfer Rand wird. Auch das kontinuierliche Spektrum besagt nicht, daß die Sonne in flüssigem oder festem Zustande sein müßte. Im Innern einer Gasmasse von großer Ausdehnung bildet sich, wenn sie nicht ganz besonders dünn verteilt ist, eine Strahlung aus, in der alle Wellenlängen ungefähr ebenso vorkommen wie bei einem „normal" strahlenden festen Körper. Als „Oberfläche" fassen wir die äußerste Sonnenschicht auf, aus der solche Strahlung zu uns kommt. Die darüber liegende Atmosphäre ist dafür — außer in den durch die Spektrallinien gekennzeichneten Wellenlängen — durchsichtig.

Für manchen werden aber andere Denkschwierigkeiten mit der Vorstellung einer Gaskugel verbunden sein. Die Erfahrung, daß Gase sich überallhin ausdehnen und entweichen, wenn wir sie nicht in Gefäße einsperren, verleitet zu der Meinung, eine Gaskugel müsse sich immer mehr ausdehnen und schließlich auflösen. Daß das nicht richtig ist, beweist uns die Erdatmosphäre, die auch nicht eingesperrt ist und dennoch nicht entweicht. In Wirklichkeit ist sie eben doch eingesperrt, zwar nicht durch Wände, aber durch die Schwerkraft der Erde, die auch alle die durcheinander jagenden Luftmoleküle unsichtbar, aber unentrinnbar an den Erdmittelpunkt bindet, so daß es nur ganz wenigen Außenseitern am Rande der Atmosphäre gelingt, bei Gelegenheit zu entweichen. Bei einer im Weltraum schwebenden Gaskugel ist das genau so. Sie wird durch die Schwerkraft, die alle Stoffteilchen miteinander verbindet, zusammengehalten. Die Schwerkraft wirkt als Anziehungskraft zwischen allen Teilchen, stark zwischen benachbarten und schwach zwischen weit voneinander entfernten Teilchen; die Gesamtwirkung ist aber so, als wenn eine Kraft alles zum Mittelpunkt der Kugel hinzieht. Wir kennen diese Zugkraft auf der Erde als Gewicht und erfahren sie meistens als einen Druck nach unten (d. h. zum Mittelpunkt der Erde hin). Auch in der Sonne drücken die äußeren Schichten auf die inneren. Jede kleinere Kugel, die wir uns im Innern abgegrenzt denken können, wird von dem Gewicht der sie einhüllenden Gasschichten so weit zusammengedrückt, bis die dadurch wachsende Spannung der eingeschlossenen Gasmasse dem äußeren Druck das Gleichgewicht hält. Diese „Spannung", mit der sich das eingesperrte Gas gegen den äußeren Druck wehrt, besteht darin, daß die Atome des Gases, die ja immer in Bewegung sind, überall, wo sie an die äußere Begrenzung kommen, Stöße austeilen, die gerade ausreichen, um dem äußeren Druck standzuhalten. Je mehr von außen drückt, desto häufiger müssen die Stöße sein, wenn die „Decke" nicht einstürzen soll, und die Stöße werden um so häufiger, je schneller die Atome hin und her fliegen. Die durchschnittliche Geschwindigkeit der Atome ist aber das, was wir als *Temperatur* messen, und wir sehen plötzlich mit einiger Überraschung, daß es durchaus möglich sein wird, etwas über die Temperatur im Innern der Sonne auszusagen, obwohl wir doch nur die alleräußersten Schichten sehen können.

Das Innere der Sterne

Einiges mathematisches und physikalisches Rüstzeug gehört allerdings dazu, von außen her in die Sonnenmitte hineinzurechnen, und wir werden uns bescheiden darauf beschränken, das Ergebnis mit bestem Dank in Empfang zu nehmen: 20 Millionen Grad etwa. Wir brauchen es mit der Zahl nicht so genau zu nehmen. Für den Astrophysiker ist es nicht ganz gleichgültig, ob es 10 oder 30 Millionen sind, für unsere Vorstellung bedeuten alle diese Zahlen dasselbe: eine unvorstellbare Hitze. Unvorstellbar sind solche Temperaturen allerdings nur, wenn wir versuchen, uns etwas bei so hoher Temperatur vorzustellen, was nur bei den niedrigen, uns vertrauten Temperaturen einen Sinn hat, z. B., wie sehr wir dabei schwitzen würden. Wenn wir uns zweckmäßiger physikalischer Vorstellungen bedienen, wird das ganz anders. Erinnern wir uns doch daran, daß die Temperatur angibt, mit welchen Geschwindigkeiten sich die Atome bewegen (im Durchschnitt! Es gibt immer solche, die schneller, und solche, die langsamer fliegen). Wie groß sind denn diese Geschwindigkeiten? Bei der üblichen Zimmertemperatur ist die Durhschnittsgeschwindigkeit der Luftmoleküle 500 m in der Sekunde. So weit könnte jedes Luftmolekül in einer Sekunde fliegen, wenn es nicht jedesmal schon gleich nach dem Start mit einem anderen Molekül zusammenrennen würde. Das ist zwei- bis dreimal soviel wie die Geschwindigkeit der schnellsten Verkehrsflugzeuge, aber weniger als die Geschwindigkeit, mit der eine Gewehrkugel den Lauf verläßt. Bei 20 Millionen Grad ist es sehr viel ungemütlicher. Die Durchschnittsgeschwindigkeit ist etwa 100 *Kilo*meter in der Sekunde. Das ist bereits weit außerhalb des Alltäglichen, wo die schnellsten Eisenbahnzüge eine Stunde zu einer solchen Strecke brauchen, aber durchaus nicht außerhalb unserer Erfahrung. Die Sternschnuppen, die wir nachts durch unsere Atmosphäre flitzen sehen, haben häufig Geschwindigkeiten von 100 km in der Sekunde, und wir erinnern uns auch, daß die Erde in jeder Sekunde 30 km zurücklegen muß, um in einem Jahre um die Sonne zu kommen, und daß das ganze Sonnensystem mit einer Geschwindigkeit von 20 km in der Sekunde durch den Raum eilt. Aber bleiben wir nur auf der Erde. Es gibt da einen Stoff, der den Namen Radium erhalten hat, weil er allerlei ausstrahlt. Ganze Atome fliegen heraus, Atome des Elements Helium, mit einer Geschwindigkeit von 15 000 km, und Elektronen (Elektrizitätsatome) mit sogar 150 000 km in der Sekunde, und mit diesem Stoff arbeitet man bekanntlich in Laboratorien und Krankenhäusern! Was wir mitten in der Sonne antreffen, ist also gar nicht so schrecklich und unvorstellbar, wie es zuerst schien.

Die wilde Jagd der 20 Millionen Grade ist aber nötig, damit die Stöße nach außen häufig und heftig genug sind, um dem Druck der Außenschalen standzuhalten. Daß das Sonneninnere zusammengedrückt wird, können sie allerdings doch nicht verhindern. Je weiter wir nach innen kommen, desto mehr Gewicht drückt, und desto dichter wird das Gas zusammengepreßt. Wenn wir uns vergegenwärtigen, daß auf die Mitte der Sonnenkugel von allen Seiten eine 600 000 km hohe Stoffmasse drückt, im ganzen eine Masse, aus der man 300 000 Erden machen könnte, dann ahnen wir, welche gewaltigen Drücke im Innern dieser Gaskugel herrschen können, und beginnen, doch etwas am Bestehen des gasförmigen Zustandes im Mittelpunkt einer solchen Kugel zu zweifeln. Die durchschnittliche Dichte der Sonne ist ja auch $1^1/_2$mal so groß wie die des Wassers im flüssigen Zustande, und da die äußeren Schichten ganz außerordentlich „luftig" sind, müssen die innersten Schichten eine recht erhebliche Dichte haben. Es fällt uns schwer, uns ein Gas vorzustellen, das in einem Kubikmeter ebensoviel Stoff beherbergen soll wie ein solcher Würfel aus festem Eisen. Gasförmig nennen wir ja den Zustand der Materie, in dem zwischen den Atomen so viel leerer Raum vorhanden ist, daß sie sich nicht nur langsam verschieben, sondern ein Stück Weges frei fliegen können, ehe sie auf einen Genossen stoßen, und das ist bei der Dichte fester und flüssiger Körper nicht der Fall. Ein Atom ist zwar keine Billardkugel, sondern ein sehr kompliziertes Gebilde mit einem kleinen festen Kern und einer — je nach der Art des Atoms — mehr oder minder großen Zahl von ganz kleinen Elektronen, die einen gewissen Raum um den Kern herum mit ihrem Dasein und ihren Bewegungen ausfüllen; aber in diesen Raum kann von außen her nichts eindringen, er gibt die Größe des normalen Atoms an, und wenn die Atome sich mit den Grenzen dieser Räume berühren, ist ein Gas nicht weiter zusammenzudrücken und damit der flüssige Zustand erreicht. Bei sehr hohen Temperaturen sehen aber die Atome anders aus. Sie stoßen oft und heftig zusammen, und dabei kommt es häufig vor, daß ein Elektron aus dem Atom herausfliegt und allein seinen Lebensweg fortsetzt (bis es vielleicht von einem anderen Atom wieder eingefangen wird). Wenn das Atom viele Elektronen hat, können auch mehrere hinausfliegen. Je derber die Zusammenstöße sind, je höher also die Temperatur ist, desto mehr kommt es dazu, daß die ganze Elektronenhülle auseinandergesprengt ist und nur die Atomkerne übrigbleiben. Die sind aber sehr viel kleiner als die vollständigen Atome und können, wenn sie durch Druck dazu gezwungen werden, viel dichter zusammenrücken. Unter solchen Verhältnissen steckt also tatsächlich ebensoviel „Masse" in einem Kubikmeter wie in einem ebenso großen Eisenklotz von niedriger Temperatur, und doch sind die Atomkerne und Elektronen noch frei beweglich, so daß das Merkmal der Gase, die Zusammendrückbarkeit nach den „Gasgesetzen", noch immer vorhanden ist. Wie ungeahnt dicht sich die Atome unter bestimmten Umständen packen lassen, zeigen uns einige „dichte" Sterne, bei denen wir um die Ansicht nicht herumkommen, daß ein Fingerhut voll Stoff aus ihrem Innern bei uns 2 Zentner wiegen würde. Ob bei dieser Dichte auch noch der gasförmige Zustand erhalten ist, darüber wissen wir vorläufig noch nichts.

Theorie und Beobachtung im Wechselspiel

Warum kommt es uns denn aber so sehr darauf an, eine durch und durch gasförmige Sonne zu haben ? Nun, ursprünglich kam es niemand darauf an. Als sich aber allmählich herausstellte, daß es wohl so ist, merkte man auch bald, wieviel damit für unsere Vorstellungen gewonnen ist. Im gasförmigen Zustand spielt sich alles am einfachsten und klarsten nach bestimmbaren Regeln ab; Temperatur, Dichte, Druck, Strahlung stehen in bekannten Beziehungen zueinander. Eine Gaskugel kann man „durchrechnen“. Man kann, ausgehend von der räumlichen Größe und der Masse der Sonne, zu Aussagen über Dichte, Druck und Temperatur in allen Schichten von der Oberfläche bis zum Mittelpunkt kommen. Die Temperatur bedingt aber, wie wir wissen, die Stärke und Art der Strahlung in den einzelnen Punkten der Sonnenkugel, und was davon schließlich nach außen dringt, kann von uns durch Beobachtung kontrolliert werden. Es ist freilich keine einfache Sache, die Strahlung durch die ganze Sonne bis zur Oberfläche rechnend zu verfolgen auf einem Wege, auf dem sie überall verschluckt wird und umgewandelt wieder zum Vorschein kommt. Es sind dazu wie bei dem vorhergehenden Wege von außen nach innen auch mancherlei Annahmen nötig, deren Zulässigkeit sich nicht handgreiflich beweisen, sondern nur mit dem Feingefühl des mit allem, was zu der Frage gehört, Vertrauten abwägen läßt. Wenn sich aber schließlich zeigt, daß die Sonne die Helligkeit hat, die sie nach unserer Rechnung haben soll, dann können wir wohl annehmen, daß die Vorstellungen, die wir uns über die Zustände im Innern der Sonne gemacht haben, einigermaßen richtig sind.

Wir dürfen uns nicht wundern, wenn die Probe nicht ganz genau stimmt; es kann ja sein, daß wir in Bezug auf diese oder jene Eigenschaft der Materie bei den für uns ungeläufigen Bedingungen „falsch geraten“ haben. Es ist deshalb gut, daß wir auch noch bei einigen anderen Sonnen die Probe machen können. Es gibt leider nur wenige Sterne, deren Masse bekannt ist (S. 70) und es sind auch nicht sehr viele, deren Leuchtkraft (absolute Helligkeit) bekannt ist (S. 68). Bei allen Sternen, für die uns beides zur Verfügung steht, können wir dieselbe Rechnung durchführen wie für die Sonne (für den Durchmesser genügen glücklicherweise die ungefähren Kenntnisse, die wir uns beschaffen können). Was sich dabei ergibt, ist in der Abb. 60 enthalten.

Jeder Punkt innerhalb des Rechtecks könnte einen Stern bedeuten. Seine Leuchtkraft könnten wir an der senkrechten Skala ablesen, wenn wir von dem Punkt waagerecht nach links gehen, seine Masse an der unteren Skala, wenn wir senkrecht nach unten gehen. Aber nicht alle diese angeblich möglichen Sterne gibt es wirklich, sie kommen in der Natur nicht alle vor. Die Sterne, die es wirklich gibt, liegen fast alle in dem schmalen, durch die gestrichelten Linien abgegrenzten Streifen. Daß es nur solche Sterne gibt, liegt in den physikalischen Eigenschaften der Materie begründet; daß die in unserer Theorie hierüber gemachten Annahmen nicht sehr falsch sein können, zeigt der Verlauf der ausgezogenen Kurve, auf der nach der theoretischen Berechnung alle Sterne liegen sollten. Zu diesen Annahmen gehört, daß die chemische Zusammensetzung der Sonne auch im Innern ungefähr so

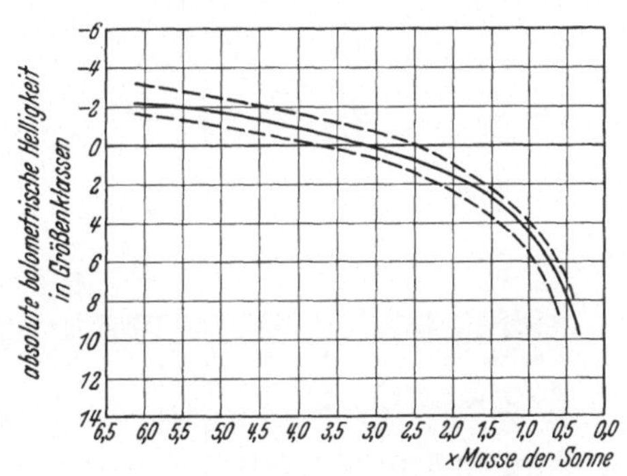

Abb. 60. Zusammenhang zwischen der Masse und der Leuchtkraft der Sterne.

sein kann, wie wir sie in ihrer Atmosphäre feststellen, daß aber etwa $^1/_3$ der ganzen Stoffmenge Wasserstoff sein muß! Und dieselbe Zusammensetzung ergibt sich bei fast allen Sternen, für die uns Masse, Durchmesser und Leuchtkraft genau genug für eine solche Rechnung bekannt sind. Es scheint, daß die große Menge der Sterne so aufgebaut ist; es gibt aber sicherlich auch Sterne, die von dieser Norm abweichen.

Verschiedene Sorten von Sternen

Es ist eigentlich verwunderlich, daß wir für die Zusammensetzung der Sterne eine so weitgehende Gleichartigkeit finden. Der Augenschein ließe eher das Gegenteil erwarten. Sehen wir uns doch nur die Spektren einiger Sterne an. In der Abb. 61 sind die Spektren von 14 Sternen untereinandergesetzt, und es ist wohl nicht zu übersehen, daß zwischen den oberen und unteren Spektren ein großer Unterschied vorhanden ist. Wenn man die einzelnen Spektren genauer betrachtet, erkennt man bald, daß sie so, wie sie in der Abbildung angeordnet sind, eine regelrechte Folge bilden,

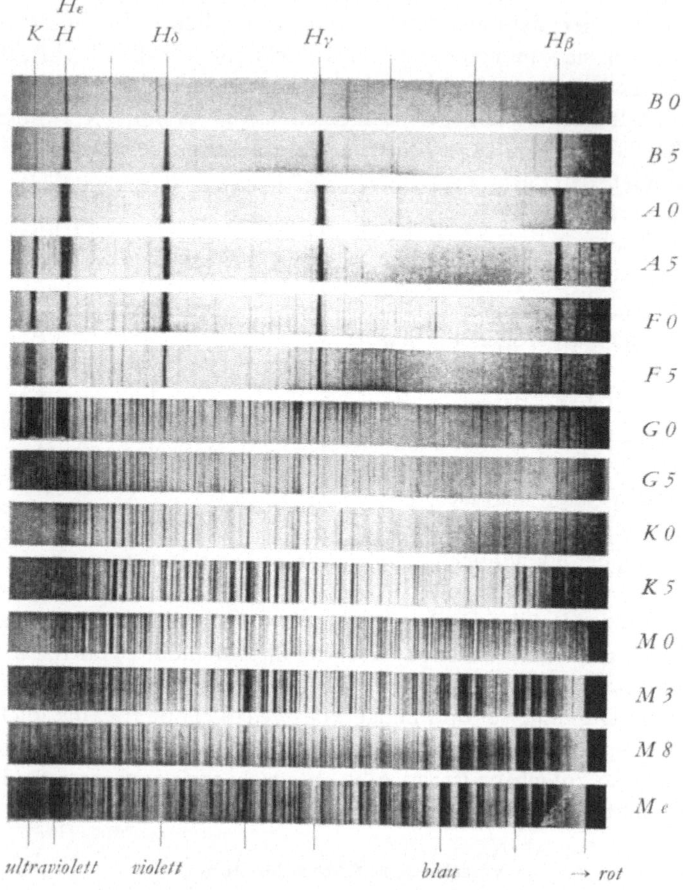

Abb. 61. Typen-Tafel der Fixstern-Spektren.
(Nach Aufnahmen der Detroit-Sternwarte, USA.)

in der jedes folgende dem vorhergehenden noch sehr ähnlich ist, jeder weitere Schritt aber zu immer unähnlicheren Spektren führt. Eine solche Musterkarte war natürlich nicht von Anfang an vorhanden. Man mußte schon einige Tausende von Spektren gesehen haben, bis man wußte, was für Möglichkeiten es da gab. Es gibt auch noch Sterne, deren Spektrum mit keinem unserer Muster Ähnlichkeit hat, aber das sind nicht viele neben der Riesenmenge

Abb. 62. Spektrum eines Gasnebels. (Aufnahme der Lick-Sternwarte.)

der sozusagen normalen Sterne, deren Spektrum sich in unsere Musterserie einreihen läßt. Wichtig ist uns jedoch, daß auch Spektren vorkommen, die nur aus *hellen* Linien bestehen, also von sehr dünn verteilten Gasmassen herrühren müssen, die nicht nach Art eines Sterns (in dem die Dichte nach innen stark zunimmt) aufgebaut sind (Abb. 62).

Man bezeichnet die Muster unserer Abb. 61 als *Spektraltypen* und bezeichnet sie so, wie es aus der Abbildung zu erkennen ist. Am einfachsten sind zweifellos die Spektren vom Typus *A* 0 (und die Nachbarn *B* 5 und *A* 5). In ihnen tritt nur eine Folge von starken Linien hervor, die sich durch ihre Anordnung überall leicht erkennen lassen. Auch auf Himmelsaufnahmen, bei denen durch ein großes Prisma vor dem Objektiv (Abb. 63) jeder Stern des abgebildeten Himmelsfeldes zu einem Spektrum auseinandergezogen ist (Abb. 64), lassen sich gerade die *A*-Sterne am leichtesten herausfinden. Diese Linien gehören, wie uns ein Blick auf die Abb. 58 sagt, dem Wasserstoff an; ihre merkwürdige rhythmische Folge, die mit immer kleiner werdenden Schritten schließlich in einer scharfen Kante im Violetten endigt, ist durch die Eigenschaften des Wasserstoffatoms bedingt. Das Wasserstoffspektrum ist auch beim Typus *B* 0 vorherrschend. Daneben treten aber andere Linien

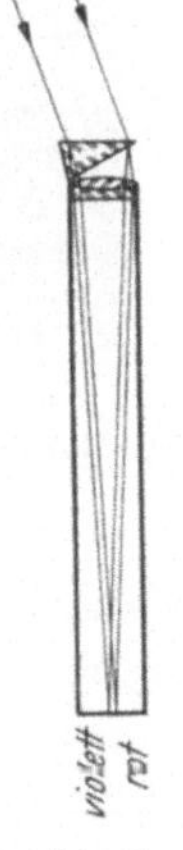

Abb. 63.
Fernrohr
mit
Objektiv-
Prisma.

auf, die hauptsächlich von Helium herrühren. Auch nach unten hin in unserer Musterkarte bleiben die Wasserstofflinien noch bis *F* 5 sehr deutlich, aber schon von *F* 0 an tauchen Linien in großer Zahl auf, die in den späteren Typen immer zahlreicher und kräftiger werden. Zuerst sind noch die beiden dicken Kalziumlinien *H* und K am violetten Ende des Spektrums ein hervorstechendes Kennzeichen (fast genau an derselben Stelle wie H liegt auch eine Linie des Wasserstoffs), dann überwiegt aber das schreckliche Gedränge von Metallinien, zu denen das Eisen allein einige Tausende beisteuert. Von $K\,5$ ab können wir uns aber durch eine neue Erscheinung leiten lassen, nämlich durch die Banden, Gruppen von Linien, die mit einer scharfen Kante einsetzen und dann schnell, aber allmählich schwächer werdend in das allgemeine Spektrum übergehen. Solche Banden werden, wie wir aus Laboratoriumserfahrungen

Abb. 64. So sieht eine Durchmusterungsaufnahme des Lippert-Astrographen der Hamburger Sternwarte aus. Auf den Platten sind unter dem Mikroskop die Spektrallinien deutlich zu sehen.

wissen, durch die Moleküle chemischer Verbindungen ausgesandt und können deshalb bei sehr hohen Temperaturen nicht vorkommen.

Es gibt einen Katalog, in dem die Spektren von 225 000 Sternen verzeichnet sind; er enthält alle Sterne des Himmels, die nicht schwächer sind als die 8. Größenklasse, und noch eine große Zahl von schwächeren Sternen. Wenn wir bedenken, daß dazu nötig war, alle Gegenden des Himmels mit einem Objektivprisma zu photographieren (Abb. 63) und auf diesen vielen Aufnahmen jeden einzelnen Strich anzusehen und nach der Musterkarte einzureihen und zu bezeichnen, dann werden wir auch den hierzu nötigen Aufwand an Zeit und Arbeit und wissenschaftlichem Pflichtgefühl zu würdigen wissen. Man kann heute auch die Spektren sehr viel schwächerer Sterne aufnehmen; sie sind aber in solchen Mengen vorhanden, daß man nur ausgewählte kleine Felder des Himmels untersuchen kann.

Nach den Überlegungen, die wir über das Zustandekommen von Linienspektren angestellt haben, müssen wir vermuten, daß die Verschiedenheiten im Aussehen der Sternspektren durch die physikalischen Zustände in den Sternatmosphären bedingt sind, in erster Linie durch die Temperatur. Ein solcher Zusammenhang besteht auch. B- und A-Sterne sind weiß, G-Sterne sind gelb, K- und M-Sterne rötlich (betrachten wir zunächst nur die Werte unter „Hauptreihe"):

Spektraltypus und Temperatur

Spektrum	Farbenindex		Effektive Temperatur	
	Hauptreihe	Riesen	Hauptreihe	Riesen
B 0	— 0,2		25 000^0	
A 0	0,0		11 000	
F 0	+ 0,4	+ 0,4	7 500	7 500
G 0	+ 0,6	+ 0,7	6 000	5 200
K 0	+ 0,9	+ 1,2	4 900	4 200
M 0	+ 1,5	+ 1,8	3 500	3 400

Die Farbe kennzeichnet ja die Intensitätsverhältnisse im kontinuierlichen Spektrum und damit die Temperatur in der „Oberfläche" des Sterns (S. 96). Wenn wir die Sterne mit bekannter Temperatur nach Spektraltypen sortieren und für jeden Typus die durchschnittliche Temperatur feststellen, erhalten wir die in der obigen Tabelle angegebenen Zahlen. Die Mannigfaltigkeit der Spektren ist hiernach nicht verwunderlich. Die Atome der verschiedenen Gase strahlen bei 20 000^0 anders als bei 3000^0; zum Teil haben ja auch die Atome bei den hohen Temperaturen schon ein oder zwei ihrer Elektronen verloren und strahlen dann in ganz anderen Wellenlängen. Da wir obendrein von allen diesen Möglichkeiten nur das sehen, was sich in dem kurzen Wellenlängenbereich abspielt, den wir sehen oder photographieren, ist auch das wechselnde Vorkommen der verschiedenen Elemente in den Spektren verständlich.

Die nächsten Sterne

Beim Studium der Sterne unserer nächsten Umgebung ergibt sich einiges, was nicht von vornherein selbstverständlich ist. Die Abb. 65 enthält die 53 Sterne, die wir in einem Umkreis von 16 Lichtjahren kennen. Es gibt in diesem Raum Sterne von der absoluten Größe 1 bis zur absoluten Größe 16, d. h. vom 40fachen bis zu $^1/_{25\,000}$ der Sonnenhelligkeit, aber es gibt auch hier wieder nicht alle denkbaren Sorten von Sternen. Die Punkte, die in der Abbildung die Sterne vertreten, liegen fast alle in einem schmalen Streifen, der sich von links oben nach rechts unten erstreckt. Die weißen *A*-Sterne strahlen große Mengen Energie aus, die roten *M*-Sterne geben nur wenig Strahlung von sich, und das besagt im Zusammenhang mit der durch die Abb. 60 ausgedrückten Beziehung, daß die weißen Sterne mehr Masse haben als die roten Sterne. Daß es auch Ausnahmen gibt, zeigen uns die Sterne, die links unten in der Zeichnung liegen. Sie haben für ihren Spektraltypus und die dazugehörige Oberflächentemperatur eine zu kleine Helligkeit, es müssen also sehr viel kleinere Sterne sein als die normalen Sterne derselben Spektralklassen, die ganz oben im Diagramm liegen. Ihre Masse ist aber, wie wir durch den Begleiter des Sirius (S. 45) wissen, nicht in demselben Maße kleiner, und daher ergibt sich der absonderliche Befund, daß die Materie in ihnen ganz ungewöhnlich dicht zusammengepackt sein muß. Man nennt sie die „*weißen* Zwerge". Durch ihre Lichtschwäche entgehen sie leicht

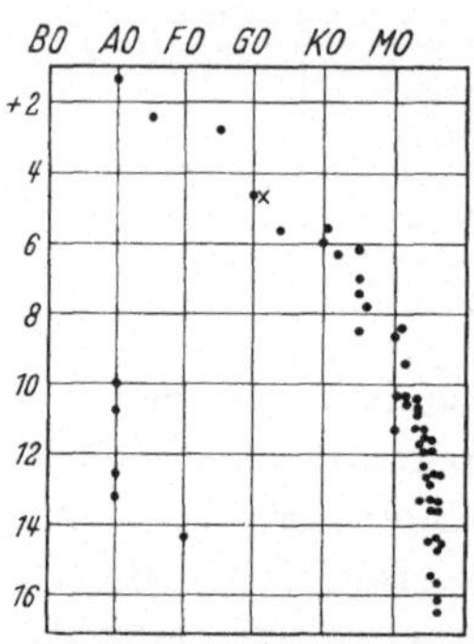

Abb. 65. Spektrum und Leuchtkraft: Die nächsten Sterne (Sonne: ×).

der Entdeckung. Jetzt kennt man etwa 120 solche weißen Zwerge, und zwar erst, nachdem man regelrecht Jagd auf sie gemacht hat. Man kann sie überhaupt nur finden, wenn sie uns sehr nahe stehen, und die große Nähe verrät sich am leichtesten durch große Eigenbewegungen. Wenn sich ein Stern mit z. B. 20 km in der Sekunde Geschwindigkeit quer zur Sehrichtung bewegt, führt diese Geschwindigkeit bei kleinen Entfernungen zu einer auffälligen Eigenbewegung. Die meisten weißen Zwerge sind als lichtschwache Sterne mit großen Eigenbewegungen entdeckt worden. Sie scheinen viel zahlreicher zu sein, als man früher annahm.

Die hellsten Sterne. Riesen und Zwerge

Wenn wir unser Forschungsgebiet etwas ausdehnen und die hundert Sterne im Umkreis von 32 Lichtjahren überschauen,

erhalten wir ein ähnliches Bild. Daß dieses Schema aber nicht alles
enthält, was in der Welt vorkommt, zeigt uns die gleichartige
Abb. 66, in der die hellsten Sterne des Himmels (die Sterne mit
der größten *scheinbaren* Helligkeit) zusammengefaßt sind. Einige
der Sterne aus dem 16 Lichtjahre-Umkreis finden wir hier wieder;
die lichtschwächeren fehlen, weil sie trotz ihrer Nähe nicht hell
genug sind, um zu den hellsten Sternen gerechnet zu werden.
Andererseits gibt es eine ganze Reihe bekannter Sterne, die in der
Abb. 65 nicht vorkommen, weil sie weiter, zum Teil sehr viel
weiter als 16 Lichtjahre entfernt sind.

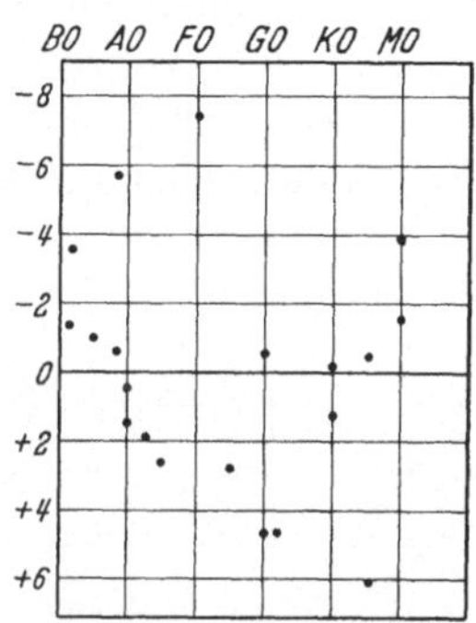

Abb. 66. Spektrum und
Leuchtkraft: Die hellsten
Sterne.

Die Hauptreihe der Sterne erschein auch
im Diagramm der hellsten Sterne, es sind
aber auch noch andere Gruppen vorhanden. Da ist die Gruppe der *G-*, *K-* und
M-Sterne, zu der Capella, Arktur, Antares, Aldebaran gehören. Ihre absolute
Helligkeit ist größer als die der hellsten
Sterne der Hauptreihe. Da sie Sterne von
geringerer Oberflächentemperatur sind,
müssen sie große Sterne sein. Sie sind
Riesen im Vergleich mit den Zwergen,
die in der Hauptreihe denselben Spektralklassen angehören. Fast die gleiche
Leuchtkraft haben die *B*-Sterne (auf der
linken Seite des Diagramms, absolute Helligkeit bei — 2 und — 1).
Diese Sterne sind trotz ihrer großen Helligkeit und Masse keine
so großen Kugeln wie die roten Riesen, ihre große Strahlung
rührt von ihrer hohen Temperatur her. Riesen an Masse und
Größe müssen aber die „Überriesen" sein, deren hellste 50000mal
soviel Strahlung in den Raum hinaussenden wie unsere Sonne.

Entfernung aus dem Spektrum

Große und kleine Sterne haben nicht genau gleiche Spektren,
weil die Gasdichte in den absorbierenden Schichten der Stern-
atmosphäre nicht dieselbe ist. Riesen haben meistens schärfere
Linien als Zwerge; es gibt ferner Linien, die nur bei Riesen auftreten, aber nicht bei Zwergen von sonst gleichem Spektrum.
Manche Linien sind bei Riesen stärker als bei Zwergen, bei

anderen Linien ist es umgekehrt. Diese Unterschiede sind bei einigen Linien so scharf ausgeprägt, daß es möglich ist, danach die Leuchtkraft der Sterne anzugeben. Das ist von größerer Bedeutung, als sich auf den ersten Blick ahnen läßt. Aus der absoluten und der scheinbaren Helligkeit erhalten wir ja die Entfernung dieser Sterne. Das liefert uns nichts Neues, wenn wir uns mit Sternen in unserer nahen Umgebung abgeben, deren Entfernung wir durch die übliche Landmessermethode (trigonometrische Parallaxen) bestimmen können. Wir brauchen sogar diese bekannten Entfernungen und die durch sie bekannten absoluten Helligkeiten der nachbarlichen Sterne, um den Schlüssel zu finden, nach dem die Intensitätsunterschiede der Spektrallinien in absolute Helligkeiten zu übersetzen sind. Wenn wir diesen Schlüssel aber haben, dann können wir absolute Helligkeiten und Entfernungen bestimmen für alle Sterne, die hell genug sind für

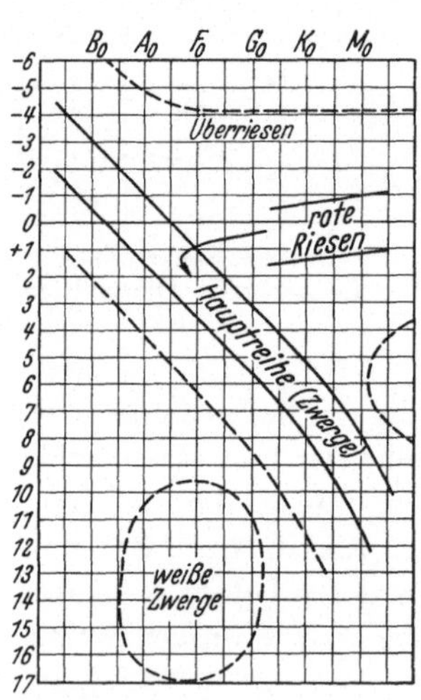

Abb. 67. Spektrum und Leuchtkraft: Alle Sterne.

ein brauchbares Spektrum, ohne Rücksicht darauf, wie weit diese Sterne entfernt sind. Wenn wir uns erinnern, daß die direkte Entfernungsmessung selbst bei äußerster Genauigkeit der Messung nur bis zu etwa 150 Lichtjahren anwendbar ist, und daß selbst die hellen Sterne zum größten Teil außerhalb dieses Umkreises liegen, dann wird uns deutlich, welchen Schritt ins Weite die spektroskopische Parallaxenmethode bedeutet.

Normale und seltenere Sterne

Unsere beiden Diagramme waren günstige Beispiele. Zusammengefügt ergeben sie ziemlich genau das Bild, das wir erhalten, wenn wir alle Sterne zusammensuchen, für die uns durch irgendwelche Mittel die absolute Helligkeit bekanntgeworden ist. Nach den theoretischen Ansichten, die wir heute für richtig halten, müssen wir die roten Riesen und die Sterne in der Hauptreihe (in der Abb. 67 durch einen Pfeil verbunden) als „normal" ansehen. Die Sterne des Zwergastes (d. h. der eigentlichen Hauptreihe) haben wahrscheinlich gleichmäßig im Mittelpunkt eine Temperatur von etwa 20 Millionen Grad, während die Oberflächentemperatur von den A-Sternen bis zu den M-Sternen von 13 000 Grad bis 2000 Grad abnimmt. Die roten Riesen haben nach der Theorie eine niedrigere Mittelpunktstemperatur, etwa 5 Millionen Grad. Die Dichte ist bei den roten Riesen gering und wird stetig größer, wenn wir in der Richtung des Pfeils durch unsere Sternsammlung hindurchgehen. Bei Sternen, die nicht in diese Normalreihe hineinpassen (den B-Riesen-Sternen, den kalten M-Riesen, den kleinen weißen Zwergen) muß irgend etwas anders sein. Vermutlich liegt der Grund für die Abweichung vom Normalzustand in der „chemischen Zusammensetzung" der Sternmaterie. Über den eigentlichen Grund dieser Abweichungen haben wir noch keine klare Vorstellung.

Die große Frage:
Woher stammt die aus den Sternen strömende Energie?

Es ist nämlich trotz unserer schönen statistischen Bilder und unserer theoretischen Folgerungen wirklich nicht sehr viel, was wir über die Sterne wissen. Die wichtigsten Fragen bleiben noch ganz unbeantwortet. Woher stammt die Energie, die Sekunde für Sekunde durch die Oberfläche den Stern verläßt? Sie muß irgendwo im Innern des Sterns entstehen, „frei" werden, und zwar in den innersten Teilen, wo die Verhältnisse den uns bekannten am unähnlichsten sind.

In den Vorgängen, die sich zwischen den Atomkernen abspielen, liegt der Schlüssel zum Verständnis dieser Energieerzeugung. Die im Zusammenwirken zwischen Experiment und Theorie entstandene moderne Physik der Atomkerne wird von Astronomen und Physikern mit gleichem Eifer und Erfolg auf dieses Problem angewendet.

Die früher einmal herangezogene Schrumpfung des Sterns von einem großen dünnen Gasball auf einen kleineren kompakten Stern macht auch Energie frei: Die Gasatome fallen ja nach innen bei diesem Prozeß wie das Wasser eines Wasserfalls nach unten fällt. So wie wir aus dem Wasserfall elektrischen Strom erzeugen können, kann auch ein Stern beim Zusammenfallen viel Energie frei machen, die als Strahlung nach außen geht. Wenn wir aber als Beispiel nachrechnen, wie viel Energie unsere Sonne frei gemacht haben kann, während sie sich aus einem weit ausgedehnten Gasball auf ihre heutige Größe zusammenzog, müssen wir feststellen, daß damit nur die Ausstrahlung von etwa 20 Millionen Jahren bestritten werden kann. So jung kann unsere Sonne aber nicht sein. Sie muß ja schon lange vorher gestrahlt haben, ehe sich die Kruste unserer Erde zu bilden begann, und schon das ist, wie uns die Verhältnisse in radiumhaltigen Mineralien lehren, mindestens hundertmal solange (also 2 Milliarden Jahre) her.

Die bei großen Gaskugeln sicher vorhandene Schrumpfung reicht also nicht aus. In den Kernen der Atome sind nun Wasserstoffkerne mit Elektronen zu einem fast unzerstörbaren Ganzen zusammengeschweißt. Wo aber einmal dieser Kernverband sich löst oder auseinandergetrieben wird (Atomzertrümmerung), da werden Energiemengen frei, mit denen unbedenklich Verschwendung getrieben werden kann. Beim Zerfall des Radiums und der anderen radioaktiven Elemente handelt es sich um einen solchen Vorgang. Die frei werdende Energie haftet den ausgeworfenen Heliumkernen und Elektronen an, die mit ungewöhnlichen Geschwindigkeiten in die Umgebung fliegen und durch ihre Stöße sehr erhebliche Wirkungen ausüben können. Die radioaktiven Elemente sind aber wahrscheinlich nicht reichlich genug in den Sternen vorhanden, um zu deren Ausstrahlung viel beitragen zu können. Eher wird der umgekehrte Vorgang des Aufbaues schwererer Atome aus leichteren eine Rolle spielen. Wenn sich z. B. vier Wasserstoffkerne zu einem Heliumkern vereinigen, so ist das nicht eine harmlose Aneinanderlagerung, sondern eine gänzliche Neugruppierung aller Teile und Kräfte. Von den vier Wasserstoffelektronen werden dabei zwei in den neuen Heliumkern hineingearbeitet, der wahrscheinlich durch nichts wieder auseinandergerissen werden kann. Bei diesem Aufbau, der theoretisch in verschiedenen Richtungen durchgerechnet worden ist (der auch für die sogenannte Wasserstoffbombe wirksam werden soll), muß sehr viel Energie frei werden, denn der Heliumkern wiegt merklich weniger als die vier Wasserstoffkerne, die in ihm stecken.

Prinzipiell gibt es sicherlich noch ergiebigere Energiequellen. Ob sie gegenwärtig in den Sternen eine Rolle spielen, ist sehr fraglich, da zu deren Ingangsetzung noch sehr viel höhere Temperaturen und Drucke erforderlich wären. Man denkt hierbei an die aus der Relativitätstheorie gefolgerte und auch beobachtungsmäßig an der kosmischen Höhenstrahlung gut gesicherte Umwandlung von Materieteilchen in Strahlung und umgekehrt.

Wir haben noch nicht alles aus den Spektren herausgelesen

Es wird Zeit, daß wir uns darauf besinnen, wodurch wir denn in diese tiefgründigen astrophysikalischen Probleme hineingeführt worden sind: Es waren die Linien in den Spektren der Sterne,

Abb. 68. Verdopplung der Spektrallinien eines Doppelsterns.
(Nach Aufnahmen der Yerkes-Sternwarte.)

aus denen sich so viel herauslesen ließ, nachdem wir erst einmal den Schlüssel dieser Lichtsprache — wenigstens teilweise — erraten haben! Wir wollen hier einmal unbescheiden sein: vielleicht können wir durch diese vielsagenden Linien noch mehr erfahren?

Sehen wir uns einmal die Spektren in Abb. 68 an. In dem unteren Spektrum sind alle kräftigen Linien doppelt. Macht man bei diesem Stern (Zeta im Großen Bären, Mizar) in jeder 5. Nacht eine Spektralaufnahme, so stellt sich heraus, daß innerhalb von 20 Tagen die K-Linie zweimal einfach und zweimal doppelt erscheint. Es ist also ein periodischer Vorgang, der sich durch die Linienverdoppelung zu erkennen gibt. Die Abb. 69 erläutert, was für ein Vorgang das ist. Es handelt sich um einen Doppelstern, bei dem

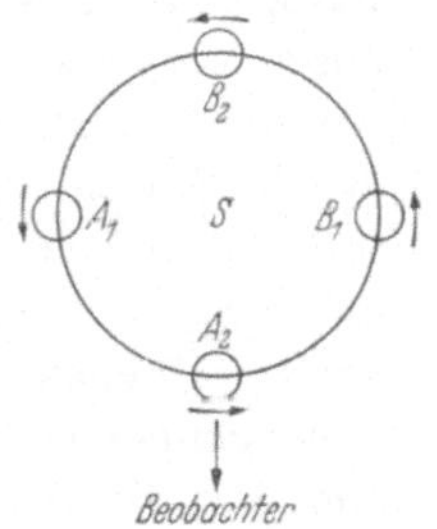

Abb. 69. Bewegungsverhältnisse in einem Doppelsternsystem.

die beiden Sterne so eng beieinander sind, daß wir sie nicht getrennt sehen können. In unserem Fernrohr fallen also auch immer die Bilder beider Sterne gleichzeitig auf den Spalt des Spektrographen, und wir erhalten immer beide Spektren gleichzeitig. Im Falle Zeta Ursae majoris gehören die beiden Sterne zu demselben Spektraltypus, so daß wir *ein* Spektrum zu sehen glauben. Von Zeit zu Zeit sind aber doch zwei Spektren da. Das sind die Zeiten, wo die Sterne in A_1 und B_1 stehen. Die Spektren erscheinen hier aber nicht deshalb nebeneinander, weil die Sterne ihren größten Abstand voneinander haben. Das wäre ein falscher Schluß, denn die Spektrallinie ist ja ein Bild des Spaltes und kann da sein oder nicht da sein, je nachdem, ob Licht auf den Spalt fällt oder nicht. Aber sie bleibt immer an derselben Stelle, die durch die Wellenlänge des abbildenden Lichtes bestimmt ist. Die nebeneinander erscheinenden Linien müssen also durch etwas verschiedenes Licht hervorgerufen werden, obwohl es sich um die Strahlung ganz gleichartiger Atome handelt. Die Ursache dieser Verschiedenheit ist die Bewegung der beiden Lichtquellen: der Stern A bewegt sich in A_1 auf uns zu, B läuft in B_1 von uns weg. Wenn wir uns einmal vorübergehend vorstellen, wir könnten Licht hören, dann können wir uns die Erscheinung mit etwas einfacheren Worten anschaulich machen.

Bewegung ändert die „Tonhöhe" beim Schall und beim Licht.

Wir versetzen uns auf einen Bahnhof. In einiger Entfernung von uns steht eine Lokomotive. Wir sehen eben (an dem weißen Dampfstrahl), daß die Lokomotive pfeift. Nach einem Augenblick hören wir auch den Pfiff. Die Tonhöhe des Pfiffs ist durch die Anzahl der Luftverdichtungen und -verdünnungen bestimmt, die in jeder Sekunde in unser Ohr eindringen. Solange die Lokomotive stillsteht, ist dies dieselbe Anzahl, die die Sirene in jeder Sekunde in die Luft hinausschickt. In der Abb. 70a soll das von L ausgehende Wellenlinienstück den Schallwellenzug andeuten, der in zwei Sekunden die Sirene verläßt (es sind ein paar hundert Schwingungen). Dieser Wellenzug kommt nach einiger Zeit (er legt 330 m in der Sekunde zurück) am Ohr des Beobachters an. Es ist in der Abbildung der Augenblick wiedergegeben, wo der Wellenzug der ersten Sekunde ins Ohr eingedrungen ist und der Wellenzug der zweiten Sekunde eben folgen soll. Stellen wir uns jetzt vor, die Lokomotive machte am Ende der ersten Sekunde plötzlich einen Satz auf uns zu (Abb. 70b). Der Wellenzug der zweiten Sekunde hat dann bis zum Beobachter eine kleinere Strecke zurückzulegen, seine Spitze kommt deshalb schon vor Ablauf der ersten Empfangssekunde dort an. Das ist auch so, wenn die Lokomotive

nicht den gedachten Sprung macht, sondern in der üblichen Weise
auf uns zu kommt. Im Verlaufe einer Sekunde dringt, wie die
Abbildung es zeigt, nicht nur der Wellenzug der ersten, sondern
auch schon ein Teil des Zuges der zweiten Sekunde in das Ohr
ein. Das Ohr registriert in einer Sekunde mehr Verdichtungen als
vorher und meldet uns einen höheren Ton. Wenn sich die Lokomotive von uns weg bewegt, wird der Ton tiefer. Die Ton-
änderung ist um so stärker, je schnel-
ler die Lokomotive fährt, und leicht
zu beobachten. Wenn man an einer
Bahnstrecke steht und das Glück hat,
daß gerade ein Zug mit einer Geschwindigkeit von 75 km in der
Stunde pfeifend vorüberfährt, so
braucht man nicht einmal musika-
lisch zu sein, um zu hören, wie im
Augenblick des Vorbeifahrens der
Lokomotive der Pfeifton um einen
ganzen Ton herunterspringt. Jedes an
uns vorbeifahrende hupende Auto,
z. B. der Feuerwehr, lehrt uns das
Gleiche.

Was wir uns hier für den Schall
veranschaulicht haben, ist auch beim
Licht so (den Beweis, daß es wirklich so ist, überlassen wir den Physikern!), und damit ist uns auch klar,

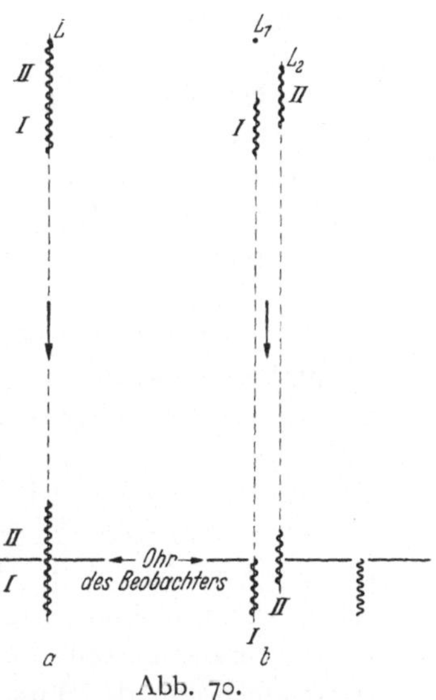

Abb. 70.
Änderung der Tonhöhe durch
die Bewegung der Schallquelle.

wie unser veränderliches Doppelsternspektrum zustande kommt:
das Licht des Sterns, der sich uns nähert, sehen wir etwas „höher“,
d. h. violetter, das des von uns weglaufenden Sterns etwas „tiefer“,
d. h. röter als bei der Stellung A_2B_2, wo sich beide Sterne quer zur
Blickrichtung bewegen und sich daher einige Zeit hindurch an der
Entfernung von uns nichts ändert. Am kontinuierlichen Spektrum
können wir die Änderung der Lichttonhöhe nicht bemerken, weil ja
für jeden Streifen des Spektrums, der ein Stück nach der violetten
Seite rückt, der benachbarte rötere nachrückt und an seinem neuen
Platze dieselbe Farbe hat wie der, der vorher dort lag. Wo aber eine
helle oder dunkle Linie vorhanden ist (einem Ton entsprechend),

sehen wir ihre Verschiebung nach Violett oder nach Rot. Wir müssen allerdings, wenn wir das sehen wollen, für ein sehr sauberes Spektrum sorgen, und wenn wir nicht nur sehen, sondern auch messen wollen, müssen wir schon größere Hilfsmittel einsetzen, die es uns erlauben, die Spektren gehörig in die Länge zu ziehen. Im allgemeinen haben wir nämlich sehr unauffälligeLinienverschiebungen zu erwarten. Damit bei einem Doppelstern die Linien so weit auseinanderrücken, daß sie denselben Abstand haben wie die beiden gelben Linien des Natriums, muß der eine der beiden Sterne etwa 150 km in der Sekunde auf uns zu-, der andere ebenso schnell von uns fortlaufen. Solche Geschwindigkeiten kommen bei einigen Doppelsternen wirklich vor, bei der großen Menge der Doppelsterne sind die Bewegungen aber sehr viel langsamer.

Doppelsterne, die man nie doppelt sehen wird

Nur bei dem kleineren Teil der spektroskopischen Doppelsterne sind die Linien beider Sterne im Spektrum aufzufinden, bei den meisten ist der eine der Sterne so viel schwächer als der andere, daß seine Linien gar nicht zur Geltung kommen. Es gibt da also keine Aufspaltung der Linien, es gibt nur ein Hin- und Herpendeln des einen vorhandenen Liniensystems. Wie soll man das aber sehen, wenn doch alle Linien gleichmäßig pendeln, das Gesamtbild also immer dasselbe bleibt? In diesen Fällen ist ein Vergleichsspektrum nötig, das durch seine Linien die Lage des normalen Spektrums kennzeichnet. Meistens benutzt man dazu das Eisenspektrum, das durch seine vielen genau vermessenen Linien genügend Anhaltspunkte liefert. Man erzeugt es durch elektrisches Verdampfen von Eisen (z. B. in einer Bogenlampe mit Eisenstiften), indem man das von dem glühenden Eisendampf ausgehende Licht von der Seite her in das Fernrohr fallen und durch einen Spiegel auf den Spalt des Spektrographen werfen läßt (Abb. 71 u. 72). Man stellt ein Eisenspektrum vor und ein anderes nach der Himmelsaufnahme her, um kontrollieren zu können, daß sich am Spektrographen nichts verändert hat, und sorgt durch Blenden dafür, daß das Sternlicht nur auf die Mitte des Spaltes und das künstliche Licht auf das obere und untere Ende des Spaltes fällt. Was man auf diese Weise erhält, zeigt die Abb. 73. Bei beiden

Aufnahmen sind die schwarzen Bänder mit den hellen Linien die
Eisenspektren, die breiten Spektren mit dunklen Linien die Spek-
tren eines Doppelsterns zu verschiedenen Zeiten. An Linien des
Sternspektrums, die mit den
Eisenlinien übereinstimmen,
sieht man, daß in beiden
Fällen die Sternlinien nach
rechts verschoben sind, unten

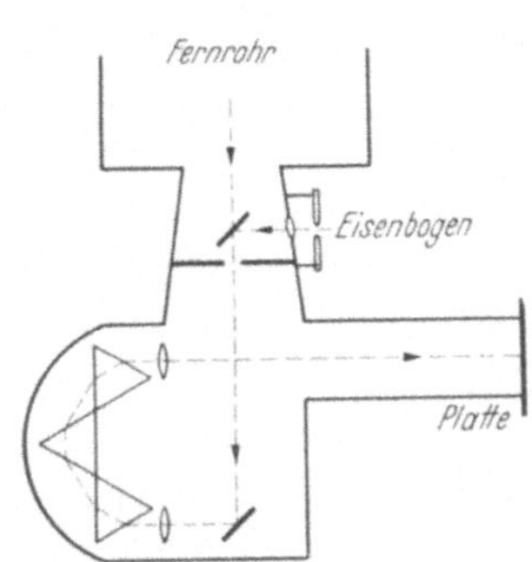

Zeißscher Dreiprismen-Spektrograph

Abb. 71	Abb. 72
schematisch.	Am großen Refraktor der Hamburger Sternwarte.

doppelt soviel wie oben;
die zugehörigen Ge-
schwindigkeiten sind 38
und 72 Kilometer.

Schon unter den hellen
Sternen, die einer solchen
Untersuchung zugäng-
lich sind, hat man über
1000 Doppelsterne auf-
gefunden, von den Ster-

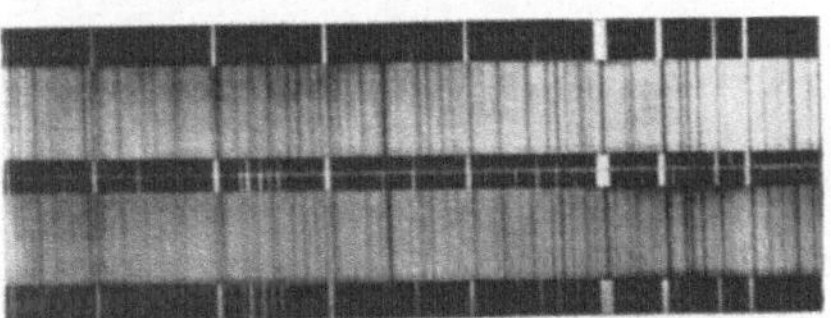

Abb. 73. Zwei Aufnahmen desselben Sterns
an verschiedenen Tagen. Dunkle Linien:
Sternspektrum, helle Linien: Eisen-Ver-
gleichspektrum. (Nach Aufnahmen der
Yerkes Sternwarte.)

nen der Spektralklasse *B* sind wahrscheinlich mehr als die
Hälfte Doppelsterne. Das ist für uns Trabanten einer einfachen
Sonne eine überraschende Erfahrung, die schon einige Mühe
wert ist. Es kommt aber bei dieser Mühe noch etwas mehr
heraus. Wir messen hier die Geschwindigkeit, mit der sich die

Sterne in ihren Bahnen bewegen, wie sie wirklich ist, in Kilometern in der Sekunde, nicht so, wie sie uns aus der Ferne gesehen erscheint (wie bei den visuellen Doppelsternen, S. 43). Deshalb sagt uns die Bahnbestimmung hier auch etwas über den wirklichen Abstand der beiden Körper, so daß wir uns ein anschauliches Bild von diesen Systemen machen können. Daß wir dadurch auch etwas über die Massen erfahren, ist uns sehr erwünscht, da es ja bei einfachen Sternen keine Möglichkeit der direkten Massenbestimmung gibt. Die richtigen Werte von Abstand und Masse für jeden einzelnen Doppelstern erhalten wir allerdings auch hierdurch nicht. Eine ganz vollständige Bestimmung eines Systems ist nur möglich, wenn es gleichzeitig auch als visueller Doppelstern beobachtet werden kann oder ein Bedeckungsveränderlicher ist.

Radialgeschwindigkeit, Eigenbewegung, wirkliche Bewegung

Linienverschiebungen finden wir aber nicht nur bei Doppelsternen. Die Fixsterne sind alle nicht „fix"; jeder ist auf einer langen Reise unterwegs, und wieviel er dabei in jeder Sekunde auf uns zu oder von uns weg rückt, zeigt die Verschiebung seiner Linien gegen die des Vergleichsspektrums an. Wir nennen diesen Teil seiner Bewegung die Radialgeschwindigkeit.

Abb. 74. Raumgeschwindigkeit aus Radial- und Quergeschwindigkeit.

Den anderen Teil der Bewegung des Sterns, der senkrecht zu unserer Blickrichtung liegt, können wir, wenn wir lange genug warten, als Ortsveränderung am Himmel wahrnehmen (Abb. 74); der Winkel zwischen den beiden Strahlen zum Beobachter (die in Wirklichkeit viel paralleler sind als in der Zeichnung) ist die Eigenbewegung des Sterns (S. 25). Wie groß die wirkliche Querbewegung (in Kilometern je Sekunde) ist, können wir nur sagen, wenn uns die Entfernung des Sterns bekannt ist; in jedem solchen Falle können wir aber, wie die Abbildung zeigt, aus der Radial- und Quergeschwindigkeit die wirkliche Bewegung S_1S_2 des Sterns im Raume als dritte Seite eines rechtwinkligen Dreiecks bestimmen. Es wäre für unsere Einsicht in die Verhältnisse der Fixsternwelt erwünscht, wenn das für recht viele Sterne möglich wäre. Wir kennen aber die Entfernungen nur für die nahen Sterne genau genug und müssen uns daher damit bescheiden, daß die Radialgeschwindigkeiten uns wenigstens in bezug auf die Geschwindigkeit der Bewegung ungefähr dasselbe sagen wie die vollständigen räumlichen Bewegungen.

Mit welchen Geschwindigkeiten sich die Sterne bewegen, zeigt das folgende Verzeichnis der hellsten Sterne (s. unten).

Bei der Betrachtung dieser Radialgeschwindigkeiten fällt uns auf, daß fast die ganze erste Hälfte der Sterne ihren Abstand vergrößert, während fast die ganze zweite Hälfte sich uns nähert. Ein Blick auf den Ort der Sterne (Rektaszension und Deklination) zeigt uns, daß sich die beiden *Himmels*hälften in dieser Weise unterscheiden. Wir finden hier (wie früher bei den Eigenbewegungen, S. 39) unsere eigene Bewegung, die Bewegung des Sonnensystems, wieder. *Wir* nähern uns der Himmelsgegend bei 18 Uhr und $+30^0$ und entfernen uns von der entgegengesetzten Gegend bei 6 Uhr und -30^0 mit einer Geschwindigkeit von 20 km in der Sekunde. Bei der Bestimmung von Radialgeschwindigkeiten messen wir von der Erde aus und erhalten deshalb in den

Radialgeschwindigkeiten der hellsten Sterne

Stern	Spektrum		Ort		Radialgeschwindigkeit
Achernar	B 5	1h 36m	-57^0		$+19$ km/sec
Aldebaran	K 5	4 33	$+16$		$+54$
Capella.	G 0	5 13	$+46$		$+30$
Rigel	B 8	5 12	$-$ 8		$+24$
Beteigeuze	M 0	5 52	$+$ 7		$+21$
Canopus	F 0	6 23	-53		$+20$
Sirius	A 0	6 43	-17		$-$ 7
Prokyon	F 5	7 37	$+$ 5		$-$ 3
Pollux	K 0	7 42	$+28$		$+$ 3
Regulus	B 8	10 6	$+12$		$+$ 3
β Crucis	B 1	12 45	-59		$+20$
Spica	B 2	13 23	-11		$+$ 2
β Centauri	B 1	14 0	-60		-12
Arktur	K 0	14 13	$+19$		$-$ 5
α Centauri	G 0	14 36	-61		-22
Antares	M 0	16 26	-26		$-$ 3
Wega	A 0	18 35	$+39$		-14
Atair	A 5	19 48	$+$ 9		-26
Deneb	A 2	20 40	$+45$		$-$ 6
Fomalhaut	A 3	22 55	-30		$+$ 6

verschiedenen Jahreszeiten verschiedene Radialgeschwindigkeiten, weil die Linienverschiebung die Bewegung von Lichtquelle und Beobachter gegeneinander ausdrückt. Die von der Erdbewegung herrührende zusätzliche Geschwindigkeit, die wir auf Grund unserer sehr genauen Kenntnis der Erdbahn für jeden Zeitpunkt berechnen können, muß also stets in Abzug gebracht werden. Auch die Radialgeschwindigkeiten in der obigen Tafel sind bereits „auf die Sonne bezogen".

Langsame und schnelle Sterne

Nach der Feststellung der Sonnenbewegung kann man auch deren Einfluß aus den Radialgeschwindigkeiten herausnehmen. Was dann noch übrigbleibt, rührt von den Sternen selber her und gibt uns über deren Bewegungen Aufschluß. Wir müssen dabei bedenken, daß wir nur bei wenigen der etwa 7000 Sterne, deren Radialgeschwindigkeiten bis jetzt bestimmt sind, die wahre Richtung ihrer Bewegung kennen und danach die wahre Raumgeschwindigkeit berechnen können. Im übrigen können wir nur sagen, daß wir bei den Sternen, die in der Blickrichtung ziehen, den vollen Betrag ihrer Geschwindigkeit messen, bei denen, die quer dazu laufen, gar nichts, im Durchschnitt also nur die Hälfte der wirklichen Bewegungen. Die folgende Tabelle zeigt, mit welchen Geschwindigkeiten sich die Fixsterne durchschnittlich durch den Raum bewegen:

Spektraltypus	Raumgeschwindigkeit	
	Hauptreihe (Zwerge)	Riesen
B	20 km/sec	
A	26	
F	37	32 km/sec
G	66	34
K	62	40
M	72	42

Die Sonne gehört also in ihrer Klasse (*G*-Zwerg) zu den langsamen Sternen. Geschwindigkeiten, die sehr viel größer sind als diese Durchschnittsgeschwindigkeiten, sind selten. Es sind aber auch „Schnelläufer" bekannt, die mehr als 100 km in der Sekunde zurücklegen. Unter den schwachen Zwergsternen scheint ein ziemlich großer Anteil von dieser Art zu sein (S. 154).

Es ist in mancher Hinsicht ganz gut, daß wir die Fixsterne aus weiter Ferne beobachten und infolgedessen auch bei der spektralen Beobachtung nur mit ihrer Gesamtstrahlung zu tun haben, die uns darüber belehrt, was der Stern als Ganzes tut. Es ist aber auch gut, daß wir wenigstens einen Fixstern aus größerer Nähe betrachten können. Bei der *Sonne* haben wir die Möglichkeit, uns die „Ober-

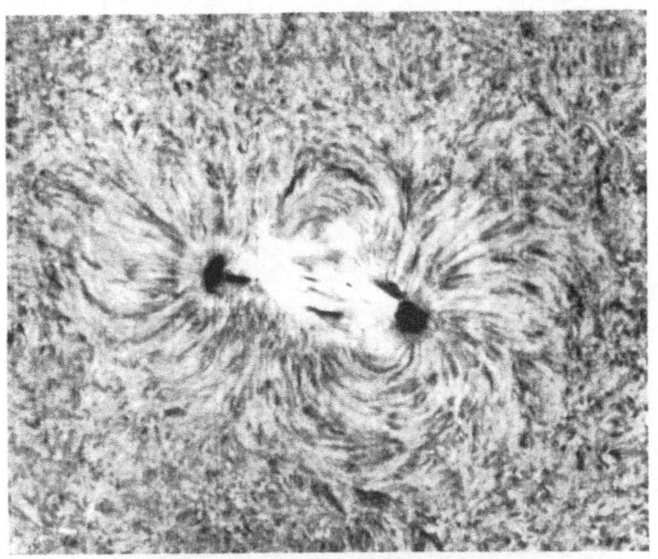

Abb. 75. Wirbel in der Sonnenatmosphäre: Sonnenflecke.
(Mount-Wilson-Aufnahme im roten Wasserstofflicht.)

fläche" eines solchen Gasballs genau anzusehen und festzustellen, daß das ganz bestimmt keine starre Masse ist (Abb. 75). Das Spektroskop gibt uns Kunde von lebhaftem Auf- und Abströmen der Gase in der Sonnenatmosphäre mit Geschwindigkeiten von einigen Kilometern in der Sekunde. Es kommen aber auch Gasausbrüche vor (Protuberanzen, Abb. 76), die mit Geschwindigkeiten bis zu mehreren hundert Kilometern in der Sekunde in Höhen von 100000 km emporschießen. Wir können solche Erscheinungen nur bei der Sonne beobachten, wir sind aber überzeugt, daß sie bei allen Fixsternen vorhanden sind.

In besonderen Fällen verrät das Linienspektrum auch bei fernen
Fixsternen etwas über Bewegungen in der Atmosphäre, so z. B.
bei den neuen Sternen (S. 72). In deren Spektren sind die dunklen

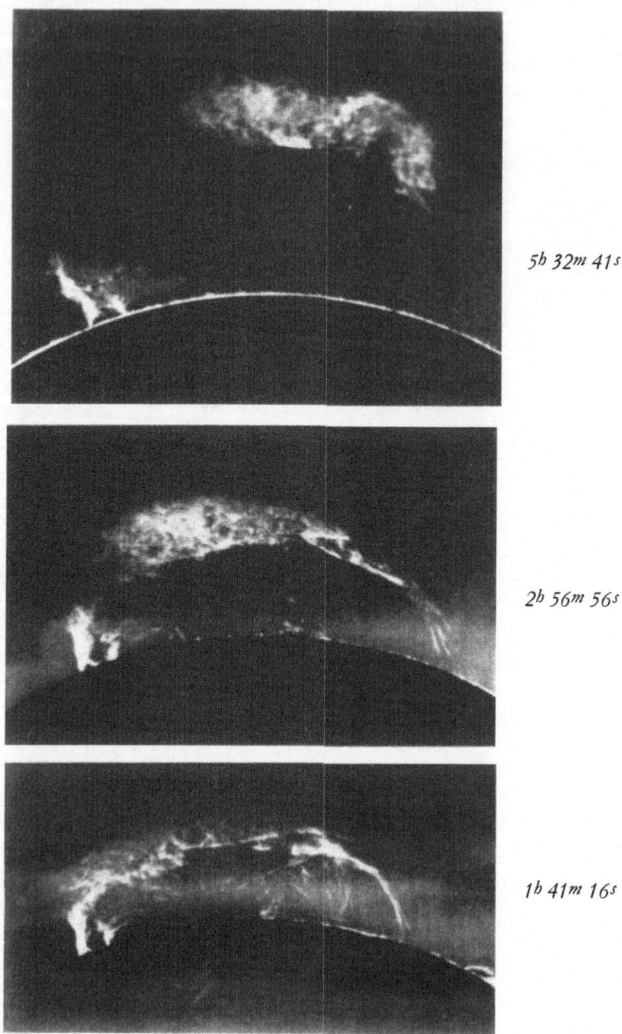

Abb. 76. Große Protuberanz am 29. Mai 1919. (Mount-Wilson-Aufnahme im
violetten Kalziumlicht.)

(Absorptions-)Linien stark nach Violett verschoben und zeigen dadurch an, daß sich in der den Stern umschließenden Gashülle Materie rasch auf uns zu, im ganzen also nach außen bewegt. Das geschieht mit Geschwindigkeiten von mehreren hundert Kilometern in der Sekunde, ergibt damit eine Ausdehnung der Gashülle des Sterns bis zur Größe unseres ganzen Sonnensystems im Laufe eines halben Jahres. Diese große und sehr dünne Gashülle macht sich auch bemerkbar durch *helle*, wenig verschobene Linien (Abb. 78), die aus den seitlichen Teilen der Hülle stammen, während die dunklen Linien von dem kleinen mittleren Teil herrühren, durch den wir auf

Abb. 77. Die äußerste Atmosphäre der Sonne, die „Korona", die sichtbar wird, wenn bei einer totalen Sonnenfinsternis der Mond das grelle Licht der Sonnenscheibe abdeckt. (29. Juni 1927, Expedition der Hamburger Sternwarte nach Jokkmokk in Lappland.)

die kontinuierlich strahlende Photosphäre des Sterns sehen (Abb. 79). Im späteren Verlaufe der Erscheinung überwiegt

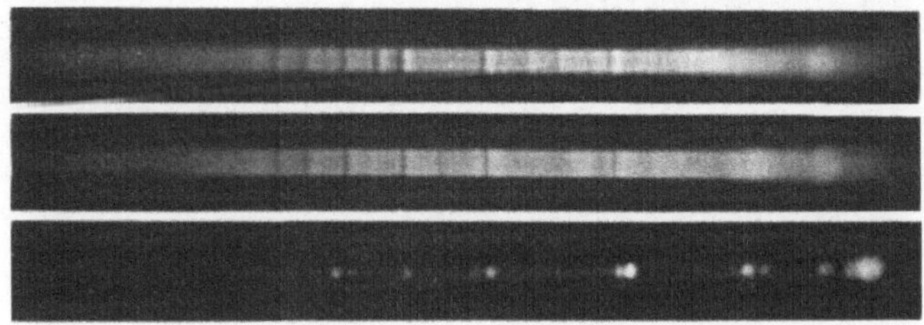

Abb. 78. Spektren der Nova Herculis im Januar, März und September 1935. (Lippert-Astrograph der Hamburger Sternwarte.)

schließlich (Abb. 78, unten) die Strahlung der Gashülle vollständig gegenüber der kontinuierlichen Strahlung der photosphärischen

Schicht, die, nachdem sie zuerst ebenfalls stark aufgetrieben erschien, immer mehr zusammenschrumpft, so daß wir am Ende des Vorgangs — wie es nach den bisherigen Beobachtungen scheint — einen sehr verkleinerten und daher sehr viel dichter gepackten Stern vorfinden, umgeben von einer nach außen abwandernden Hülle dünner Materie, die irgendwie überflüssig geworden zu sein scheint.

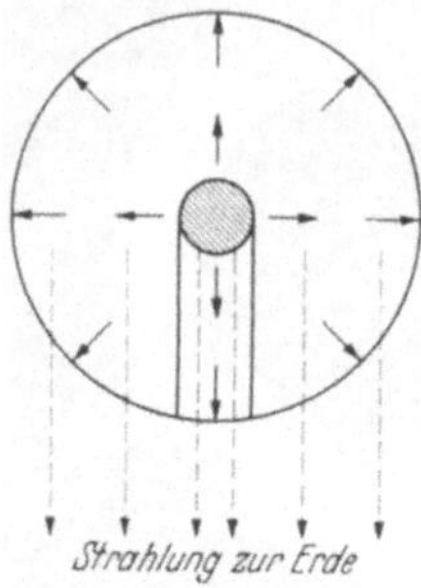

Abb. 79. Bewegungen in der Atmosphäre eines neuen Sterns.

Enge spektroskopische Doppelsterne haben uns interessante Aufschlüsse über die Natur der Sternatmosphären gegeben. Hier kommen Gasströme zwischen den beiden Einzelsternen vor, die sich bei günstiger Stellung der Sterne im Spektrum an den Linien zu erkennen geben. Wahrscheinlich gibt es unter den äußerst rasch rotierenden O- und B-Sternen (s. S. 71) auch solche, die mit einem Gasring umgeben sind. Die Zentrifugalkraft ist so groß geworden, daß der Stern die Gase nicht mehr alle an seiner Oberfläche festhalten kann.

Wir wollen zugeben, daß wir in unserer Begeisterung etwas mehr über Zustände und Vorgänge behauptet haben, als durch die Beobachtungen allein bewiesen werden kann. Solche Erkenntnisfreudigkeit ist aber durchaus nötig, wo wissenschaftliche Forschung vorwärtsgetrieben werden soll. Sie wird uns aber auch sehr verständlich erscheinen, wenn wir uns rückschauend vergegenwärtigen, welche Erkenntniswege uns durch die Spektralanalyse eröffnet worden sind.

Zweiter Teil

Die Welt der Sterne

I. Unsere Weltinsel

Es gibt Astronomen, die ihr Leben lang am Meridiankreis Fixsternörter messen, und es gibt andere, die immer nur Radialgeschwindigkeiten bestimmen. Es kann sogar vorkommen, daß ein Forscher, der auf dem Wege zu den Geheimnissen des Himmels über unzulängliche Methoden oder Instrumente stolperte, den Rest seines Lebens der Verbesserung dieser ungenügenden Hilfsmittel opfern muß, sozusagen ohne den Himmel wiederzusehen. Man neigt leicht dazu, solche Menschen als sonderbare Käuze zu belächeln oder als unglückliche Opfer zu bemitleiden. Beides wäre falsch. In dem großen, weitverzweigten Betriebe der naturwissenschaftlichen Forschung ist ihr Spezialistentum genau so notwendig und unvermeidlich wie das der verschiedenen Facharbeiter in wirtschaftlichen Berufen. Es genügen einige königliche Geister, welche die durch Beobachtungen bekanntgewordenen Tatsachen zu einem Gesamtbild zusammenfassen und mit dem eben nur großen Geistern eigenen Ahnungsvermögen dieses Bild über das Erkannte hinaus vervollständigen, aber es sind sehr viele tüchtige und arbeitsfreudige Kärrner nötig, die das Material herbeischaffen, das die Richtigkeit oder Unrichtigkeit dieser Entwürfe erweist und wieder die Keime neuer „Ahnungen" in sich birgt. Daß solche Kärrnerarbeit zwar mühevoll, aber durchaus nicht langweilig ist, lassen unsere Betrachtungen wohl erkennen, vielleicht auch schon die Gefahr, darüber die großen Ziele aus dem Auge zu verlieren!

Ein Weltmodell

Auch wir hatten uns ein Ziel gesteckt. Wir hatten doch vor, uns ein Modell des Weltalls zu bauen, in dem alles, was wir am Himmel sehen, seinen Platz finden soll. Wie steht es jetzt damit, nachdem wir eine so reichliche Menge von Kenntnissen über die Sterne zusammengerafft haben? Fangen wir einmal damit an, im wörtlichen Sinne ein Modell zu bauen. Unser eigener Platz, von dem aus wir in die Welt sehen (die Sonne oder das ganze Sonnensystem), soll eine kleine Holzkugel sein, in die wir Stricknadeln hineinstecken können. Wir wollen uns zuerst auf unsere nächste Umgebung beschränken und nur das darstellen, was nicht weiter als 16 Lichtjahre von uns entfernt ist (Tabelle S. 126). Wir brauchen dann nur 53 Stricknadeln aufzustecken. In welche Richtung jede zu zeigen hat, wird durch die Örter der Sterne angegeben, und wo wir sie abzukneifen und mit einem Kopf als Symbol des Sterns zu versehen haben, ist uns durch die Entfernung vorgeschrieben, wenn wir vorher den Maßstab unseres Modells festgelegt haben. Damit unsere Weltkugel nicht zu unhandlich wird, wollen wir ihr einen Durchmesser von 32 cm geben. 16 cm lang werden also unsere längsten Nadeln, die die Sterne mit 16 Lichtjahren Entfernung darstellen; die kürzesten Nadeln hätten der Doppelstern Alpha Centauri und die „Proxima Centauri" (Proxima = nächster Stern), und der uns so gut bekannte Sirius säße in 9 cm Abstand vom Mittelpunkt des Modells. Damit unser Modell „sprechend" wird, müßten wir die Sterne leuchten lassen, den Sirius ungefähr eine Million mal so hell wie die schwächsten Sterne des Verzeichnisses, und wir müßten sie auch in verschiedenen Farben leuchten lassen. Das ließe sich mit Hilfe von Glühbirnen schon machen. Auf Schwierigkeiten stoßen wir aber, wenn wir gleichzeitig versuchen wollen, den Birnen die zu den Entfernungen passende Größe zu geben. Die Sonne dürfte nämlich in unserem Modell nur einen Durchmesser von $^1/_{1\,000\,000}$ mm haben, und selbst die dicksten Sterne dürften höchstens hundertmal so groß sein. Wir werden also auf diesen Grad von Echtheit verzichten und uns mit überlebensgroßen Nadelköpfen abfinden müssen. Auch so gibt unser Modell ein ganz anschauliches Bild unserer nächsten Umgebung im Weltraum. Es ist allerdings möglich, daß noch einige Sterne anzubringen wären, denen wir es noch nicht angemerkt haben, daß sie zu unserer Nachbarschaft gehören. Die 53 Sterne unseres Verzeichnisses sind ja Sterne, deren Entfernung gemessen worden ist, und dazu muß ein Anlaß vorgelegen haben. Einige sind helle Sterne und deswegen bearbeitet, bei den anderen, soweit sie nicht Begleiter von hellen Sternen sind, hat die große Eigenbewegung zu dem Verdacht geführt, daß sie uns nahe sind. Und da wir aus dem Gewimmel der schwachen Sterne durchaus noch nicht alle mit großer Eigenbewegung herausgefischt haben, kann es sehr wohl noch fünf oder zehn oder fünfzehn Sterne geben, die eigentlich in unser Modell gehören.

Mit noch größerem Ausfall müssen wir rechnen, wenn wir die an Durchmesser doppelt und an Rauminhalt achtmal so große Welt der rund 250 Sterne betrachten, die nicht weiter als 32 Lichtjahre von uns entfernt sind, denn am Rande dieses Raumes kann es auch schon Sterne geben, die wir wegen ihrer geringen Helligkeit nicht sehen (es gibt ja auch ganz dunkle Sterne!). Und wenn wir schließlich unser Modell so erweitern, daß es 3 m Durchmesser hat, dann haben wir zwar die mehr als 2000 Sterne untergebracht, für die trigonometrische Parallaxen bestimmt sind, wir müssen uns aber eingestehen, daß das kein Modell der wirklichen Welt mehr ist. Es ist jetzt tausendmal so groß wie das erste mit 53 Sternen, enthält aber nicht einmal die hundertfache Zahl von Sternen. Hätten wir uns nicht vorher gründlich damit beschäftigt, wie die Entfernungsbestimmungen zustande kommen, dann würde uns der Anblick unseres Modells überzeugen, daß die Sterndichte nach außen schnell abnimmt und daß außerhalb dieser 3 m-Kugel die Welt bald ganz aufhört. So wissen wir aber, daß hier nicht die Welt, sondern unser Beobachtungsvermögen zu Ende ist. Wir sehen Sterne in mehr als genügender Zahl — 5000 bereits mit dem bloßen Auge, und die Bonner Durchmusterung des Nordhimmels enthält schon 300000 Sterne, obwohl sie mit einem ganz kleinen Fernrohr durchgeführt worden ist —, wir können nur nicht herausfinden, welche in unseren Modellraum gehören.

Vorstoß ins Weite

Daß wir in diese Außenwelt nicht mit der üblichen Art der Entfernungsmessung eindringen können, wissen wir (S. 36). Wir erinnern uns aber, daß es auch noch eine andere Möglichkeit gibt, auf die Entfernung eines Sterns zu schließen (S. 68). Wir brauchen dazu die scheinbare und die absolute Helligkeit des Sterns; aus diesen beiden Angaben ergibt sich durch eine ganz einfache Rechnung die Entfernung (photometrische Parallaxen). Uns nimmt

Die Sterne in unserer nächsten Umgebung

	Stern		Richtung		Entfernung Lichtjahre	Absol. Helligkeit Größenklassen	Leuchtkraft (× Sonne)	Spektraltypus	Bewegung[1]	
			Rekt.	Dekl.					radial	quer
	Sonne		—	—	—	4,7	1,0	G o	—	—
1	α Centauri	A	14^{h}36^m	—60,6	4	4,7	1,0	G o	—0,8	0,8
2		B				6,1	0,28	K 5		
3	(Proxima Centauri)	C	14 27	—62,5		15,4	0,00005	M 5		
4	Barnards Stern	*	17 55	+ 4,5	6	13,2	0,0004	M 5	—3,6	3,0
5	Wolf 359		10 54	+ 7,3	8	16,6	0,00002	M 6	+0,4	1,8
6	Luyten 726—8	A	1 36	—18,2	8	15,6	0,00004	M 6	+1,0	1,3
7		B				16,1	0,00003	M 6		
8	Lalande 21185	*	11 1	+36,3	8	10,5	0,005	M 2	—2,9	1,9
9	Sirius	A	6 43	—16,6	9	1,3	23	A o	—0,3	0,6
10		B				10,0	0,004	w.Zw.		
11	Ross 154		18 47	—23,9	9	13,3	0,0004	M 5	—0,1	0,3
12	Ross 248		23 39	+43,9	10	14,7	0,0001	M 6	—2,7	0,8
13	ε Eridani		3 31	— 9,6	11	6,2	0,25	K 2	+0,5	0,5
14	Ross 128		11 45	+ 1,1	11	13,5	0,0003	M 5	—0,4	0,7
15	61 Cygni	A *	21 5	+38,5	11	7,9	0,05	K 6	—2,1	2,8
16		B				8,6	0,03	M o		
17	Luyten 789—6		22 36	—15,6	11	14,5	0,0001	M 6	—2,0	1,8
18	Prokyon	A	7 37	+ 5,3	11	2,8	6	F 5	—0,1	0,7
19		B				13,1	0,0004	w.Zw.		
20	ε Indi		22 0	—57,0	11	7,0	0,1	K 5	—1,4	2,6
21	BD + 59^0 1915	A	18 42	+59,5	12	11,1	0,003	M 4	0,0	1,3
22		B				11,9	0,001	M 4		
23	BD + 43^0 44	A	0 15	+43,7	12	10,3	0,006	M 2	+0,5	1,6
24		B				13,1	0,0004	M 4		

25	τ Ceti		1 42	—16,2	12	5,8	0,4	G 4	—0,5	1,1
26	CD —36° 15693		23 3	—36,1	12	9,4	0,01	M 2	+0,3	3,9
27	BD + 5° 1668		7 25	+ 5,5	12	12,2	0,001	M 4	+0,9	2,2
28	CD —39° 14192		21 14	—39,1	13	8,6	0,03	M 1	+0,8	2,1
29	CD —45° 1841		5 10	—45,0	13	11,2	0,002	M 0	+8,1	5,5
30	BD +56° 2783	A	22 26	+57,4	13	11,9	0,001	M 4	—0,8	0,5
31		B				13,4	0,00c3	M 5		
32	Ross 614	*	6 27	— 7,8	13	12,9	0,0005	M 5	+0,8	0,6
33	BD —12° 4523		16 27	—12,5	13	11,9	0,001	M 5	—0,4	0,8
34	Wolf 28		0 46	+ 5,2	14	14,2	0,0002	w.Zw.(F)	+0,9	2,0
35	Wolf 424	A	12 31	+ 9,3	15	14,3	0,0001	M 6	—0,2	1,3
36		B				14,3	0,0001	M 6		
37	BD +50° 1725		10 8	+49,7	15	8,5	0,03	K 5	—0,9	1,0
38	CD —37° 15492		0 2	—37,6	15	10,3	0,006	M 3	+0,8	4,4
39	CD —46° 11540		17 25	—46,8	15	11,3	0,002	M 4	?	0,8
40	BD +20° 2465	*	10 17	+20,1	15	11,1	0,003	M 4	+0,3	0,4
41	CD —44° 11909		17 33	—44,3	15	12,8	0,0006	M 5	?	0,9
42	CD —49° 13515		21 30	—49,2	16	10,6	0,004	M 3	?	0,6
43	BD +68° 946		17 37	+68,4	16	10,7	0,004	M 3	—0,6	1,0
44	Ross 780		22 50	—14,5	16	11,8	0,001	M 5	+0,3	0,9
45	Lalande 25372		13 43	+15,2	16	10,2	0,006	M 2	+0,5	1,8
46	CC 658		11 43	—64,5	16	12,5	0,001	w. Zw.	?	2,1
47	40 Eridani	A				6,0	0,3	K 0		
48		B	4 13	— 7,7	16	10,7	0,004	w.Zw.(A)	—1,4	3,2
49		C				12,5	0,001	M 5		
50	70 Ophiuchi	A	18 3	+ 2,5	16	5,7	0,3	K 1	—0,2	0,9
51		B				7,4	0,1	K 5		
52	Atair		19 48	+ 8,7	16	2,4	8	A 5	—0,9	0,5
53	BD +43° 4305		22 45	+44,1	16	11,7	0,002	M 5	—0,1	0,7

* Dieser Stern hat einen unsichtbaren Begleiter mit einer Masse zwischen Planeten- und normaler Fixstern-Masse.
w. Zw.: weißer Zwerg. [1]) Lichtjahre in 10000 Jahren; + von uns weg, — auf uns zu.

die Tabelle auf S. 68 auch noch diese Arbeit ab. Wenn wir z. B. von einem Stern mit der scheinbaren Größe $m = 13$ in Erfahrung gebracht haben, daß er die absolute Größe $M = 2$ hat, finden wir neben dem Wert $m—M = 11$ in der ersten Spalte die Entfernung 5200 Lichtjahre in der zweiten. Die scheinbare Helligkeit können wir messen, die absolute Helligkeit müssen wir irgendwoher zu erfahren suchen. Eine Möglichkeit hierzu bieten Eigentümlichkeiten des Spektrums (spektroskopische Parallaxen, S. 107). Die heute bei dieser Methode erreichbare Genauigkeit ist schon an der 150 Lichtjahr-Grenze sehr viel größer als die der trigonometrischen Methode, und daß diese Sicherheit auch für große Entfernungen unverändert erhalten bleibt, das macht die Bedeutung dieser Methode für die Erkundung der Sternenwelt aus. Eine Grenze gibt es allerdings auch hier: man braucht gute Spektren, die Sterne dürfen also nicht zu schwach sein. Für die rund 100000 Sterne bis zur 9. Größe dürfen wir wohl in absehbarer Zeit eine spektroskopische Bestimmung der Entfernung erwarten. Unter den Sternen 12. Größe, die mit etwas geringerer Genauigkeit erreicht worden sind, kommen schon Sterne mit großer Leuchtkraft vor, die 10000 Lichtjahre entfernt sind, es ist aber nicht anzunehmen, daß man die Gesamtheit der Sterne 12. Größe (mehr als 1 Million) bearbeiten wird.

Wir stoßen hier also auf eine neue Grenze; es ist unmöglich, jeden einzelnen in der ungeheuren Menge der Sterne zu betrachten und zu erforschen. Ein paar tausend Sterne werden uns „persönlich" bekannt, alle anderen bleiben „Sterne", die wir zählen und nach mancherlei Merkmalen sortieren können (Ort, Helligkeit, Farbe oder Spektrum), ohne aber je bei einem einzelnen *alles* in Erfahrung zu bringen, was ihn unter allen anderen kenntlich machen würde (Entfernung, Masse, räumliche Größe, Leuchtkraft). Wir müssen uns damit abfinden, daß unserer Erfahrung solche Grenzen gesetzt sind; den Kampf um das „Chaos" der Außenwelt geben wir aber trotzdem nicht auf.

Auf Umwegen zum Ziel

Einen Weg können wir immer gehen: Wir können die Sterne zählen. Die helleren Sterne sind gezählt; bis etwa zur 9. Größe herunter sind sie in den Durchmusterungen vollständig verzeichnet, bis zur 11. oder 12. Größe in den Katalogen der „photographischen Himmelskarte". Die Millionen von schwachen Sternen auf den photographischen Aufnahmen der großen Fernrohre sämtlich zu zählen, würde viel Zeit kosten, ist aber auch nicht nötig. Wo es sich um solche Mengen handelt, kann man sich mit Proben begügen. Statt des ganzen Himmels untersuchen wir ausgewählte Felder, die so verteilt sind, daß sicher die verschiedenartigsten Teile des Himmels (Milchstraße!) durch Proben vertreten sind. Damit wir es ganz bequem haben, suchen wir uns ein Fernrohr aus, das gerade einen Quadratgrad auf der photographischen Platte abbildet, ein quadratisches Himmelsfeld also, auf dem sich vier Vollmonde unterbringen ließen. Mit diesem Fernrohr machen wir verschieden lange Aufnahmen. Zuerst belichten wir gerade so lange, daß die Sterne von der Helligkeit 8,0 noch abgebildet werden, schwächere aber nicht. Bei der nächsten Aufnahme belichten wir etwa dreimal solange, damit die Sterne bis zur Größe 9,0 sichtbar werden usw., bis wir schließlich die 21. Größenklasse erreicht haben. Wenn wir dann auf jeder der so erhaltenen Platten sämtliche Sterne zählen, wissen wir, wieviel Sterne bis zur 8., 9. ...... Größe wir in der Richtung jedes Feldes sehen. Wir erhalten nicht überall die gleichen Zahlen, selbst benachbarte Felder können verschieden sein; ein Feld kann z. B. zwei oder drei helle Sterne enthalten, die Nachbarfelder gar keine. Damit uns diese Besonderheiten nicht stören, fassen wir die Zahlen aus ähnlichen Feldern zu Durchschnittswerten zusammen. In der folgenden Zusammenstellung bezieht sich die Spalte I auf Felder in der Milchstraße und ihrer nächsten Nachbarschaft, die Spalte II auf Felder, die weitab davon liegen.

Die Zahlen in der Spalte I sind noch viel größer, als wir erwarten konnten. Nicht viel weniger als 100 000 Sterne auf einem Quadratgrad! Und nach der Art, wie die Zahlen ansteigen, können wir sicher sein, daß wir auch das Doppelte noch erreichen, wenn wir ein paar Größenklassen weiterkommen! Gerade diese ungeheuren Mengen der schwachen Sterne sind es, die den milchigen, flächenhaften Schimmer der Milchstraße ausmachen.

Können wir aus diesen trockenen Zahlen irgendwelche lebendigen Schlüsse ziehen? Um nicht gleich im ersten Anlauf steckenzubleiben, wollen wir uns die Sache wieder sehr viel einfacher vorstellen, als sie ist. Wir wollen so tun, als hätten alle Sterne dieselbe absolute Helligkeit, dieselbe Leuchtkraft. Daß wir sie verschieden hell sehen, kann nur an ihren Entfernungen liegen, die scheinbare Helligkeit gibt uns die Entfernung an: die Sterne 6. Größe sind etwas mehr als $1\frac{1}{2}$mal so weit entfernt wie die Sterne 5. Größe (wie es auch die Tabelle S. 68 zeigt), die Sterne 7. Größe sind etwas mehr als $1\frac{1}{2}$mal so weit entfernt wie die 6. Größe usw. Das Raumgebiet, das wir durchsieben, wenn wir ein

Grenzgröße	Zahl der Sterne im Quadratgrad	
	I	II
8	1	—
9	3	—
10	8	1—2
11	21	4—5
12	55	10
13	145	21
14	370	45
15	910	87
16	2 140	160
17	4 800	290
18	10 200	480
19	21 000	760
20	40 000	1 180
21	74 000	1 660

Himmelsfeld von einem Quadratgrad Größe durchzählen, ist eine Pyramide, die ihre Spitze in unserem Auge und überall, wo wir sie bei den Sternen mit der scheinbaren Helligkeit 1,0, 2,0 ...... 8,0, 9,0 ...... 21,0 abschneiden, quadratischen Querschnitt hat. Dieser Querschnitt wird immer größer, je weiter wir hiauskommen. Wenn wir in der doppelten Entfernung abschneiden, ist er 4mal so groß; noch mehr, nämlich auf das 8fache, wächst der Rauminhalt der Pyramide an und ebenso die Zahl der darin enthaltenen Sterne, wenn wir annehmen, daß sie überall gleich dicht stehen. Unsere nach Größenklassen fortschreitenden Schnitte folgen sich in etwas kürzeren Abständen, jeder folgende liegt etwa $1\frac{1}{2}$mal so weit weg wie der vorhergehende. Wir haben dementsprechend jedesmal, wenn wir unsere Sternzählung um eine Größenklasse weiter ausdehnen, zu erwarten, daß die Zahl der gezählten Sterne beinahe 4mal so groß wird wie vorher. Das ist aber nur so, wenn die Sterndichte überall dieselbe ist, wenn also überall in gleich großen Raumteilen gleich viele Sterne vorhanden sind. Sind die Sterne in größeren Entfernungen spärlicher vorhanden, dann müssen die Sternzahlen langsamer anwachsen, und wo wir in eine Gegend größerer Sterndichte geraten, müssen wir Sprünge von mehr als dem 4fachen antreffen. Es erscheint also wirklich möglich, aus solchen Sternzählungen etwas über den Bau unserer Sternenwelt zu erfahren. In unserer Zusammenstellung auf S. 130 ist das Verhältnis aufeinanderfolgender Sternzahlen nirgends 4:1, sondern immer kleiner. Das bedeutet nach unseren Überlegungen, daß jedes hinzukommende Pyramidenstück weniger Sterne hinzubringt, als es bei gleichbleibender Sterndichte sollte, daß also die Sterndichte nach außen hin abnimmt. Abseits von der Milchstraße (Spalte II) nimmt die Dichte offenbar sehr viel schneller ab, und es sieht so aus, als näherten wir uns mit unseren Zahlen schon einer Grenze, jenseits derer nichts mehr hinzukommt. Hier hätten wir dann die Grenze unseres Sternsystems erreicht.

Wir wollen uns rasch daran erinnern, daß unsere schönen einfachen Schlüsse auf der ganz und gar falschen Annahme aufgebaut sind, daß alle Sterne dieselbe absolute Helligkeit haben. Ein Blick auf die Abb. 67 zeigt uns, wie falsch diese Annahme ist. Wir sehen allerdings auch, daß unsere falsche Annahme beinahe richtig ist, wenn wir nicht alle Sterne zusammenzählen, sondern jede Spektralklasse für sich. Bei den ganz schwachen Sternen ist uns aber dieser Ausweg versperrt, weil von ihrem Licht nichts mehr übrigbleibt, wenn wir es in ein Spektrum auseinanderziehen. Leider zeigt uns die Abb. 67 auch, daß es bei den roten Sternen (Klassen K und M) zwei Sorten von Sternen gibt. Schon in einem solchen Falle, wenn es also z. B. nur Sterne mit der absoluten Helligkeit 5,0 und solche mit der absoluten Helligkeit 15,0 gäbe, würde die Sachlage viel undurchsichtiger werden. Die Sterne der lichtschwachen Sorte hätten die scheinbare Helligkeit 15,0, wenn wir sie aus einer Entfernung von $32^1/_2$ Lichtjahren betrachten würden (S. 68); in einer Entfernung von $3^1/_4$ Lichtjahren würden sie als Sterne der Größe 10,0 erscheinen. Näher wird uns kaum ein Stern sein. Solange wir also durch unsere Zählung die 10. Größe nicht erreicht haben, können wir noch keine

Sterne der schwachen Sorte mitgezählt haben. Die Zahl der bis dahin gezählten Sterne ist mit jeder Größenklasse auf das 4fache gestiegen und wächst auch so weiter. Von der 10. Größe an kommen aber außerdem noch die lichtschwachen Sterne hinzu. An dieser Stelle muß also ein größerer Sprung in den Sternzahlen auftreten.

Wie wir wissen, sind die Verhältnisse aber viel verwickelter. Zwischen gewissen Grenzen sind Sterne jeder beliebigen Leuchtkraft vorhanden. Unser einfaches Beispiel gibt uns aber Anlaß zu glauben, daß es auch in dem verwickelteren Falle der Wirklichkeit möglich sein wird, einen Zusammenhang zwischen den Sternzahlen, die wir durch Sortieren und Zählen finden, und der Sterndichte in den verschiedenen Raumgebieten herzustellen. Mit etwas Mathematik und Geduld ist diese Aufgabe zu lösen. Wir müssen dabei aber annehmen, daß die Sterne von verschiedener absoluter Helligkeit in den Gebieten, in die uns unsere Zählungen führen, in demselben Verhältnis durcheinandergemischt sind wie in unserer näheren Umgebung, wo wir dieses Mischungsverhältnis feststellen können. Nach unseren bisherigen Erfahrungen scheint diese Annahme berechtigt zu sein; wir müssen aber darauf gefaßt sein, daß irgendwo, vielleicht gerade in den äußersten Teilen des Sternsystems, das Mischungsverhältnis etwas anders ist.

**Das große Hindernis:
die Absorption des Lichts im Weltraum**

Es steckt aber noch eine andere Annahme in unseren Überlegungen, die wir bisher als selbstverständlich hingenommen haben. Wenn wir die scheinbare mit der absoluten Helligkeit verglichen, haben wir immer vorausgesetzt, daß der von einem Stern hervorgerufene Lichteindruck nur deswegen mit zunehmender Entfernung geringer wird, weil sich das Licht auf eine immer größer werdende Kugelfläche verteilt. Es ist aber auch möglich, daß im Weltraum Licht verschluckt wird. Von zwei gleich stark strahlenden Sternen würde dann von dem doppelt so weit entfernten nicht $^1/_4$ des Lichts in unser Fernrohr kommen, sondern noch weniger; wieviel weniger, würde davon abhängen, wieviel von der durchgehenden Strahlung verschluckt und zerstreut wird. Wenn eine solche allgemeine Absorption vorhanden ist, sehen wir alle Sterne schwächer, als sie ohne Absorption erscheinen würden; bei unserer bisherigen Art zu rechnen, haben wir ihnen daher zu große Entfernungen zugeschrieben, und zwar in um so schlimmerem Maße, je weiter sie entfernt sind. Es läßt sich natürlich ausrechnen, wie groß die Fehler sein können, die wir — vielleicht — gemacht haben. Wir wollen probeweise annehmen, daß die Weltraumabsorption das Licht jedes Sterns auf jedem Wegstück von 1000 Lichtjahren Länge um $^1/_6$ oder um $^1/_3$ Größenklasse schwächt (ein Stern in 3000 Lichtjahren Entfernung erscheint dann um eine halbe oder eine ganze, ein Stern in 30 000 Lichtjahren Entfernung um 5 oder um 10 Größenklassen schwächer als ohne Absorption). Was wir in den beiden Fällen statt der richtigen Entfernung r_0 herausgerechnet haben, zeigen die Spalten r_1 und r_2 der folgenden Tabelle:

Richtige	Falsche Entfernung		Helligkeitsverminderung in Größenklassen	
r_0 (Lichtjahre)	r_1 (Lichtjahre)	r_2 (Lichtjahre)		
10	10	10	$^1/_{600}$	$^1/_{300}$
100	101	102	$^1/_{60}$	$^1/_{30}$
500	520	540	$^1/_{12}$	$^1/_6$
1 000	1 080	1 170	$^1/_6$	$^1/_3$
2 000	2 330	2 720	$^1/_3$	$^2/_3$
3 000	3 780	4 750	$^1/_2$	1
4 000	5 440	7 390	$^2/_3$	$1^1/_3$
5 000	7 340	10 800	$^5/_6$	$1^2/_3$
10 000	21 500	46 400	$1^2/_3$	$3^1/_3$
20 000	93 000	431 000	$3^1/_3$	$6^2/_3$
30 000	300 000	3 000 000	5	10
40 000	860 000	19 000 000	$6^2/_3$	$13^1/_3$
50 000	2 300 000	108 000 000	$8^1/_3$	$16^2/_3$

Wir sehen daraus mit einigem Unbehagen, daß die Absorption nur bei den ganz kleinen Entfernungen harmlos ist, die großen aber so fälschen kann, daß wir zu einem ganz und gar verzerrten Weltbild kommen. Es könnte sein, daß die Abnahme der Sterndichte, die wir aus den Sternzahlen auf Seite 130 herausgelesen haben, gar nicht vorhanden ist und nur dadurch vorgetäuscht wird, daß wir die jeweils hinzukommenden Sterne in unserem Weltbild auf einen viel zu großen Raum verteilen. Während wir also ohne Berücksichtigung der Absorption zu der Vorstellung kommen, daß wir in einem abgegrenzten, nach außen hin immer dünner besiedelten Sternsystem leben, besagen dieselben Sternzählungen, wenn wir eine große Absorption annehmen, daß wir uns an irgendeinem Punkte in einem unabsehbaren Sternenmeer befinden.

Staubwolken im Sternsystem

Es ist also dringend nötig, daß wir uns um die Absorption kümmern. Daß es so etwas gibt, ist nicht zu bezweifeln. Sehen wir uns doch einmal einige Milchstraßenaufnahmen an (Abb. 11, 80). Was bedeuten die „dunklen", d. h. sternarmen Gebiete, die Streifen, Kanäle oder die schwarzen Löcher? Gewiß, es könnte sein, daß die Sternwolken, die wir als Milchstraße sehen, hier gerade

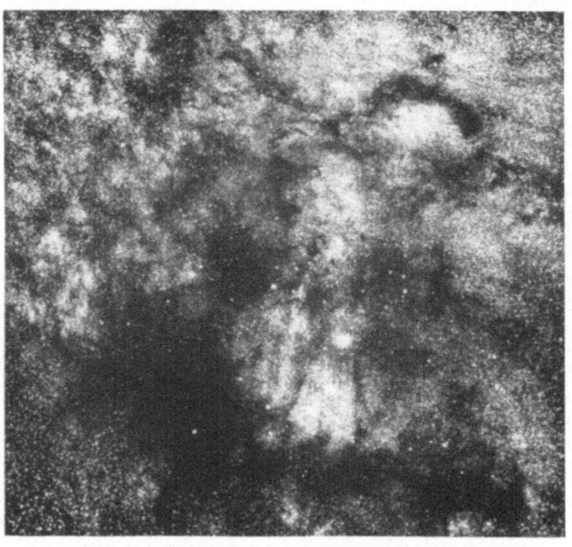

Abb. 80.   Milchstraße im Sternbild Schlangenträger.
(Bruce-Refraktor der Yerkes-Sternwarte.)

so liegen, daß wir zwischen ihnen hindurchsehen können in den leeren und daher dunklen Raum. Wenn wir aber bedenken, daß wir Strecken von einigen Tausenden von Lichtjahren durchblicken, können wir es nicht für wahrscheinlich halten, daß an so vielen Stellen die ganze Blickbahn *zwischen* Sternwolken liegen

134

soll. Es ist viel wahrscheinlicher, daß in diesen Richtungen etwas im Wege ist, was uns den Ausblick auf die fernen Sternwolken versperrt. Es gibt ja helle Nebel in großer Zahl (Abb. 11, 80, 81), und seitdem wir wissen, daß sie nur leuchten, weil sie von Sternen in ihrer Nähe beleuchtet werden, können wir sicher sein, daß es noch mehr *dunkle* Nebel gibt, die wir nur bemerken, wo sie uns begrenzte Felder in sternreichen Gebieten verdecken. Wir sehen an solchen Stellen nur die Sterne, die *vor* der dunklen Wolke

Abb. 81. Nebel im Sternbild Schwan.
(36-cm-Schmidt-Spiegel der Hamburger Sternwarte.)

liegen, wenn sie sehr dicht ist oder eine große Tiefe hat; verschluckt sie nicht alles Licht der hinter ihr liegenden Sterne, so bewirkt sie doch, daß diese schwächer erscheinen, daß also von einer bestimmbaren scheinbaren Helligkeit ab die Zahl der Sterne kleiner ist als in der unverdunkelten Umgebung. In solchen Fällen läßt sich aus den Sternzählungen herauslesen, in welcher Entfernung die Wolke beginnt und aufhört. Die abgebildete Wolke im Sternbild Schwan (Abb. 83, 84) ist z. B. 1 500 Lichtjahre entfernt und hat eine Tiefe von 500 Lichtjahren. Wie wir uns solche kosmischen Wolken vorstellen sollen, läßt sich nicht genau sagen.

Abb. 82. Höhlennebel im Schwan (1-m-Spiegel der Hamburger Sternwarte.)

Sie sind bestimmt sehr viel dünner als unsere irdischen Nebel oder Wolken, ja auch noch sehr viel dünner als unsere Luft selbst, müssen aber in der Hauptsache nicht aus Gasen bestehen (weil diese zu wenig absorbieren), sondern aus irgendwelchem „Staub".

Zwischen den Sternen sind nicht nur einzelne solcher dunklen Wolken vorhanden, sondern das ganze Sternsystem ist von hochverdünntem Gas und feinem Staub erfüllt. Die Masse dieser „interstellaren Materie" ist trotz ihrer hohen Verdünnung so groß, daß sie mit der in den Sternen zusammengeballten Masse vergleichbar ist. Bei der Betrachtung der Bewegungen und Kräfte in unserem Sternsystem hat man darum die Materie zwischen den Sternen mit in Rechnung zu stellen.

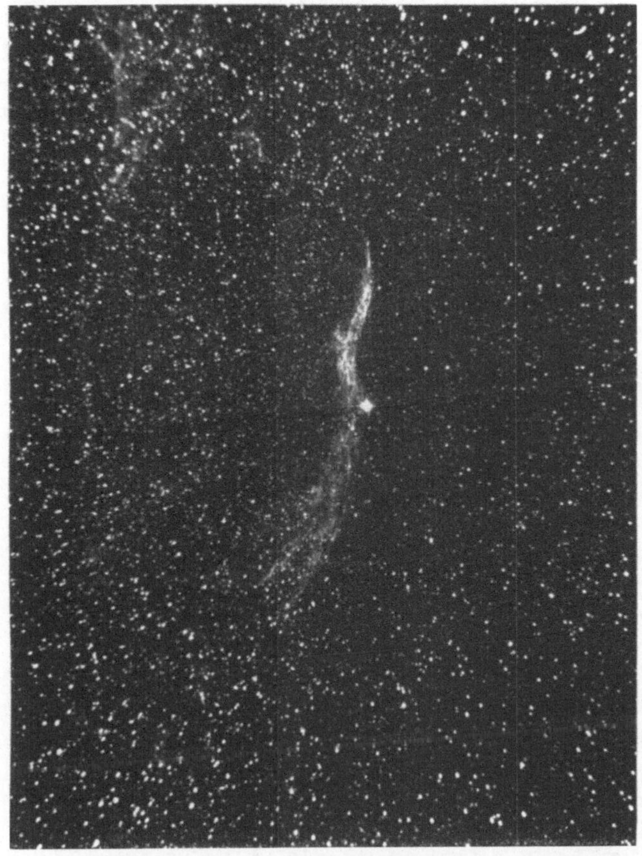

Abb. 83. Leuchtende Nebelkante im Schwan. Die rechte Hälfte des abgebildeten Himmelsfeldes sehen wir durch eine Staubwolke (1-m-Spiegel der Hamburger Sternwarte).

Das wichtigste und einfachste Anzeichen für das Vorhandensein von Materie zwischen uns und den Sternen ist die *Verfärbung* des Lichtes. Das Sternlicht wird nicht nur geschwächt, sondern auch

137

röter, weil nämlich das blaue Licht stärker geschwächt wird als
das rote. Das ist genau wie auf der Erde. Das Sonnenlicht muß
durch die Luft hindurch; daß es hierbei röter wird, sieht man
deutlich beim Sonnenuntergang, bei dem das Licht einen besonders langen Weg in der Erdatmosphäre zurückzulegen hat. Dann
erscheint die Sonne deutlich rot. Wenn wir die Sonne nicht vom
Mittag her als weiß in Erinnerung hätten, würde uns das wahrscheinlich gar nicht auffallen. Wenn man von irgend einem Stern

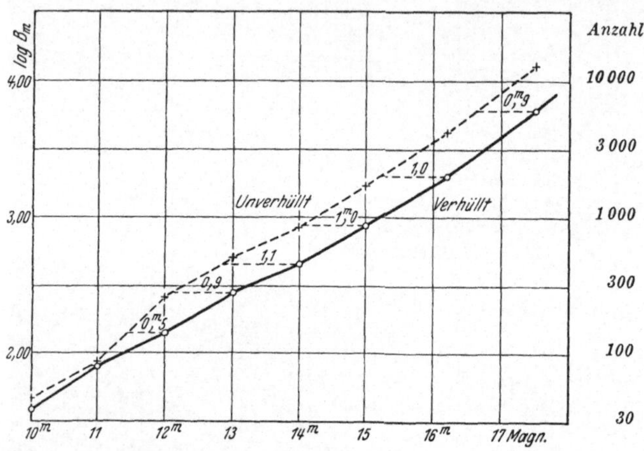

Abb. 84. Anzahl der Sterne im Quadratgrad (von den hellsten bis zur 10.,
11.,... Größe) auf der linken und rechten Seite der Abb. 83.

wissen will, ob er verfärbt ist, muß man auch von ihm seine natürliche Farbe kennen. Wir können sie angeben, falls wir den Spektraltypus kennen (S. 103). Diesen entnimmt man dem Linienspektrum, also ohne die Farbe zu berücksichtigen. Zu jedem
Spektraltypus gehört entsprechend der Sterntemperatur eine gewisse Farbe, die wir durch den Farbenindex kennzeichnen (s. die
Tabelle auf S. 105), also durch den Unterschied der Helligkeit im
blauen und gelben Licht. Unsere Sonne hat z. B. den Spektraltypus G0 und damit nach der Tabelle auf S. 105 den Farbenindex +0.6 Größenklassen. Beim Untergang der Sonne wäre die
Helligkeit im blauen Licht stark gedämpft, so daß wir einen
wesentlich größeren Farbenindex erhielten.

138

Wenn wir nun einen schwachen G0-Stern vornehmen und an ihm einen Farbenindex von $+1.1$ Größenklassen messen, wie ihn normalerweise ein K0-Stern hat, so ist sein Licht um 0.5 Größenklassen zu rot. Diese 0.5 Größenklassen nennt man den *Farbenexzeß*. Seine Kenntnis ist deswegen so wichtig, weil zwischen der gesamten Lichtabsorption und dem Farbenexzeß ein einigermaßen konstantes Verhältnis besteht. Haben wir demnach von einem Stern den Farbenexzeß $+0.5$ gemessen, so ist dieses Sternlicht um insgesamt $5 \times 0.5 = 2.5$ Größenklassen schwächer, als es ohne die Absorption durch interstellare Materie sein würde, und wenn wir dies wissen, können wir sofort die verbesserte photometrische Entfernung des Sterns berechnen.

Von dem hochverdünnten Gas, das den Raum zwischen den Sternen ausfüllt, zeigt sich im Spektrum der Sterne am deutlichsten das Kalzium, und zwar mit einer feinen Absorptionslinie, der sogenannten K-Linie. Diese kommt auch sonst in den Sternspektren vor, weil Kalzium in den Sternatmosphären wie auch in der Sonnenatmosphäre vorhanden ist. Es zeigte sich bei manchen spektroskopischen Doppelsternen die merkwürdige Erscheinung, daß scharfe K-Linien im Spektrum sichtbar waren, die das Pendeln der übrigen Linien (S. 111) nicht mitmachten. Daß es sich nicht um Kalziumatmosphären, die beide Sterne gemeinsam umschlossen, handeln konnte, erkannte man daran, daß die scharfen K-Linien auch bei Sternen mit sonst lauter unscharfen Linien auftraten. Auch vom Natrium hat man scharfe „interstellare" Linien gefunden. Die Stärke der Linien nimmt allgemein zu, je größer die Entfernungen der Sterne sind. Das entspricht ganz der Vorstellung, daß das Sternlicht immer mehr Kalzium- (oder Natrium-)Atome trifft, je länger es durch den Raum zieht. Die Stärke dieser „ruhenden" Kalziumlinie ist heute ein ungefähres Maß für die Ableitung von Sternentfernungen geworden, besonders auch bei den neuen Sternen, die in großen Entfernungen noch durch ihre große Helligkeit bemerkt werden.

Berechnungen haben ergeben, daß die durchschnittliche Verteilung des Kalziums zwischen den Sternen so ist, daß jeder Kubikzentimeter des Raums nur etwa ein Kalziumatom enthält. Unsere Luft beherbergt in solch einer Fingerhutgröße Volumen immerhin 30 Trillionen (eine 3 mit 19 Nullen) Moleküle, was zum Vergleich gesagt sei.

Im Lichte mancher Sterne, das durch ausgedehnte Wolken hindurchgegangen ist, hat man kürzlich eine zweite merkwürdige Erscheinung aufgedeckt: Das Licht ist zu einem zwar kleinen, aber deutlich sichtbaren Teil „polarisiert". Licht ist eine elektromagnetische Welle, deren Schwingungen quer zur Fortpflanzungsrichtung erfolgen. Wenn das Licht auf uns zukommt, bedeutet das, es kann von links nach rechts, von oben nach unten und in allen Zwischenstellungen schwingen. Bei dem natürlichen Licht, von einem Stern oder z. B. von einem Autoscheinwerfer, kommen alle diese Schwingungen gleichermaßen vor. Durch besondere Filter, die in der irdischen Photographie und beim plastischen Film verwendet werden, kann man ausgewählte Schwingungsrichtungen unterdrücken. Dieses Licht, das dann nachbleibt, nennt man polarisiert. Mit solchen Filtern kann man nun auch das Sternlicht auf Polarisation untersuchen. Die Ursachen für das Auftreten von Polarisation im Sternlicht sind noch unklar. Man vermutet, daß es sich um die Einwirkung von magnetisch ausgerichteten Metallkristallen handelt, denen man (aus physikalischen Gründen) die Eigenschaft, das Licht zu polarisieren, zusprechen kann.

Die Sternhaufen

Wir finden am Himmel zwei ganz verschiedene Arten von Sternhaufen. Die sogenannten *offenen Haufen* sind Gruppen von ein paar Dutzend bis zu ein paar Tausenden von Sternen in ganz unregelmäßiger Verteilung (Abb. 85), Sternfamilien mit eigener, gemeinsamer Vergangenheit und Zukunft, die zwischen die Einzelsterne unseres Systems eingestreut sind. Über ihre räumliche Anordnung wissen wir gut Bescheid, da für die Bestimmung der Entfernung eines Haufens (auch hier durch Spektraltypus und absolute Helligkeit in Verbindung mit der scheinbaren Helligkeit) mehrere, bei sternreichen und hellen Haufen viele Sterne verwendet werden können. Die offenen Haufen liegen sämtlich in einem flachen, linsenförmigen Raumgebiet, dessen größter Umkreis in der Ebene der Milchstraße liegt und einen Durchmesser von 30000 Lichtjahren hat, während die Dicke (senkrecht zur Milchstraßenebene) nicht viel mehr als 3000 Lichtjahre beträgt.

Die *Kugelhaufen* sind ganz andere Gebilde (Abb. 86). Auf einem kreisrund begrenzten Fleck finden wir unzählbar viele Sterne

beieinander. Bei manchen Haufen sind sie wirklich unzählbar, weil
sie im inneren Teil so dicht stehen, daß sie gar nicht einzeln zu
sehen sind. Es sind aber immer Hunderttausende, manchmal wohl
auch Millionen. Diese Haufen sind abgeschlossene Sternsysteme
besonderer Art, und sie liegen auch weit außerhalb des Gebietes,
in dem wir uns bisher bewegt haben. Wir kennen etwa 100 Kugelhaufen: der nächste ist 20000, der fernste fast 200000 Lichtjahre

Abb. 85. Zwei benachbarte (offene) Sternhaufen im Perseus.
(Lippert-Astrograph der Hamburger Sternwarte.)

entfernt. Das sind so große Entfernungen, daß wir uns wohl
über die Möglichkeit ihrer Bestimmung nochmals Rechenschaft
geben müssen. Die Spektren lassen sich bei solchem Gewimmel
von Sternen nicht mehr auseinanderhalten, wir müssen also nach
anderen Kennzeichen für die absolute Helligkeit suchen. Ein
etwas grobes, für den ersten Angriff aber ganz wirksames Verfahren ist es, die 25 hellsten Sterne des Haufens herauszusuchen,
ihre durchschnittliche scheinbare Helligkeit zu bestimmen und
für ihre absolute Helligkeit den größten Wert anzusetzen, der
uns sonst vorgekommen ist. Sehr viel sicherer ergibt sich die

Entfernung der Haufen, in denen Blinksterne auftreten (S. 65). Wir wissen, daß die ganz schnell schwankenden Veränderlichen dieser Art (Perioden unter einem halben Tag) in der kleinen Magellanschen Wolke alle dieselbe Helligkeit, nämlich die absolute Helligkeit Null haben. Wenn solche Sterne also in einem Haufen die scheinbare Größe 18 haben, so hat er nach unserer Entfernungstafel (S. 68) eine Entfernung von 130 000 Lichtjahren. Es erscheint vielleicht etwas waghalsig anzunehmen, daß solche

Abb. 86. Kugeliger Sternhaufen im Sternbild Schlange.
(1-m-Spiegel der Hamburger Sternwarte.)

Sterne überall, wo wir auf sie stoßen, dieselbe absolute Helligkeit haben sollen. Da wir ja aber überzeugt sind, daß die ausgesandte Lichtmenge und der Lichtwechsel durch den Zustand des Sterns physikalisch miteinander verbunden sind, glauben wir, zu einem solchen Schluß berechtigt zu sein.

Auch die Kugelhaufen liegen auf beiden Seiten der Milchstraße, auch sie werden etwas häufiger, wenn wir uns der Milchstraße nähern. In der Milchstraße und ganz dicht neben ihr, wo die offenen Haufen am häufigsten sind, sind aber gar keine Kugelhaufen zu finden. Sie liegen außerdem fast alle auf einer Seite des Himmels, die meisten und fernsten um das Sternbild Sagittarius herum.

Das wichtigste Hilfsmittel für die Untersuchung der Sternhaufen sind die *Farbenhelligkeitsdiagramme* geworden. Bei diesen
wird die Sternhelligkeit mit der Sternfarbe in Beziehung gesetzt,
ähnlich, wie wir es schon bei den Sternen unserer Umgebung
getan haben (s. Abb. 65). Nur nimmt man nicht den Spektraltypus, sondern den Farbenindex, um ihn zusammen mit der
Helligkeit aufzutragen, weil man einerseits den Farbenindex überhaupt genauer messen kann als die Schätzung des Spektraltypus
möglich ist, und weil andererseits die Haufensterne meistens zu

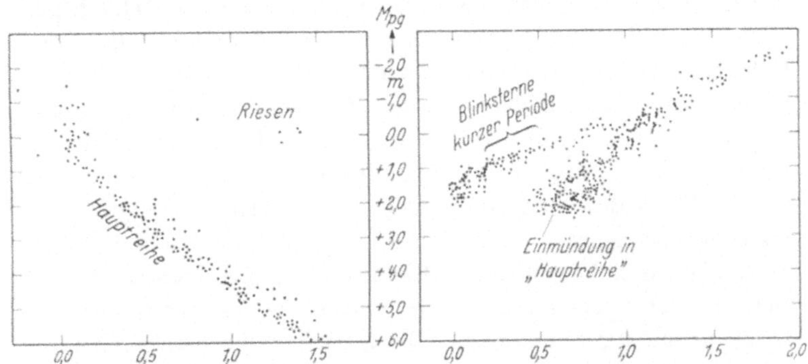

Abb. 87. Farbenhelligkeitsdiagramme: Leuchtkraft und Farbenindex.
Offener Haufen: Kugelhaufen:
Praesepe.   Messier Nr. 92.

schwach sind und zu eng beieinander stehen, als daß man brauch-
bare Spektralaufnahmen erhalten könnte. In der Abb. 87 erkennt
man deutlich die typischen Unterschiede zwischen den Farbenhelligkeitsdiagrammen der offenen und der kugelförmigen Sternhaufen, die in der schematischen Abb. 101 durch verschiedene
Schraffur hervorgehoben sind. Diese Unterschiede haben eine
weitreichende Bedeutung, auf die wir unten bei der Besprechung
der beiden „Sternpopulationen" noch eingehen werden.

Genaueres über die Wirkung der Absorption

Ob die räumliche Anordnung der Sternhaufen so ist, wie sie
sich hier ergeben hat, hängt ebenfalls von der Wirksamkeit der
allgemeinen Absorption ab. Wir errechnen auch bei den Haufen
zu große Entfernungen, wenn die scheinbare Helligkeit durch

Absorption vermindert ist. Das macht sich bemerkbar, wenn wir aus der Ausdehnung der Haufen auf der photographischen Platte auf ihre wirkliche Ausdehnung schließen. Wenn wir uns einen Haufen in größerer Entfernung vorstellen, müssen wir ihm auch einen größeren Durchmesser zuschreiben, wenn er uns ebenso groß erscheinen soll. Je ferner der Haufen, um so größer muß sich also sein Durchmesser ergeben, wenn eine Absorption vorhanden ist und von uns bei der Rechnung nicht berücksichtigt wird. Auf eine solche Zunahme der errechneten Durchmesser mit zunehmender Entfernung ist man bei den offenen Haufen tatsächlich gestoßen; aus dem Grade der Zunahme und dem Anwachsen des Farbenexzesses müssen wir den Schluß ziehen, daß die Absorption in dem Raumgebiet, in dem wir offene Sternhaufen antreffen, durchschnittlich etwa $^1/_6$ Größenklasse für 1000 Lichtjahre Lichtweg beträgt, aber durchaus nicht überall gleichmäßig vorhanden ist.

Um die Absorption individueller studieren zu können, hat man die Farbenexzesse ferner B-Sterne untersucht. Diese hellen Sterne lassen sich weit in den Raum hinaus verfolgen, auch hinsichtlich der Spektraltypen. Ihre Verfärbung hat man lichtelektrisch genau messen können. Diese Sterne, die man auch kurz Wasserstoffsterne nennt (nach den auffälligen, in ihren Spektren vorkommenden Linien), liegen alle nahe der Milchstraßenebene und zeigen mittels ihrer Verfärbung deutlich die Stärke der Absorption in verschiedenen Richtungen an.

Bei den kugelförmigen Haufen, die sich außerhalb der Milchstraße befinden, findet man im Gegensatz zu den offenen Haufen keine Zunahme des Durchmessers mit der Entfernung. Es gibt auch durchaus weiße Sterne in Kugelhaufen, was nicht möglich wäre, wenn ihr Licht 20000 Jahre und länger durch absorbierenden und rötenden Staub liefe. Wir müssen daher annehmen, daß der Staub einen begrenzten Raum in unserer Umgebung einnimmt, einen etwas größeren vielleicht als die offenen Sternhaufen. Das Licht der Kugelhaufen läuft also nur das letzte kurze Stück durch die Staubschicht und wird nur um ähnliche Beträge geschwächt wie das der offenen Haufen. Bei Kugelhaufen, die wir dicht neben der Milchstraße sehen, deren Licht also sehr schräg durch die absorbierende Schicht fällt und daher auch merklich röter ist, kann das zwei Größenklassen ausmachen, und das bedeutet nach unserer Tabelle, daß diese fernsten Haufen $2^1/_2$mal so nahe sein können, wie wir dachten. Daß wir in der Milchstraße keine Kugelhaufen finden, wird hierdurch verständlich: die dort stehenden Haufen erleiden die größte mögliche Absorption von mehreren Größenklassen und das reicht aus, sie für uns ganz auszulöschen. Wir finden dieselbe Erscheinung auch bei den noch weiter entfernten Spiralnebeln (S. 166), die im übrigen gleichmäßig über den Himmel verteilt sind, aber in einem unregelmäßig begrenzten Gürtel, der die Milchstraße enthält, gänzlich fehlen.

Ein Problem der modernen Astronomie ist die Frage nach der *Entstehung der Sterne*. Gegenwärtig neigen viele Astronomen zu der Annahme, daß sie sich aus den Staub- und Gasmassen bilden, indem unter gewissen Umständen ausgedehnte interstellare Wolken zusammenstürzen. Die hohen Temperaturen der Sterne würden dabei so entstehen, wie es bei der Frage der Sonnenenergieerzeugung auf Seite 109 angedeutet wurde. Man muß aber betonen, daß diese Auffassung noch vollkommen hypothetischen Charakter hat.

Das Sternsystem

Wir wissen also nun, wo die Absorption sitzt, und können ihre Wirkungen bei unseren Schlüssen in Rechnung sezten. Senkrecht zur Milchstraßenebene ist sie gering; wir können daher die Spalte II unserer Sternzahlen (S. 130) so deuten, als wenn gar keine Absorption vorhanden wäre. Sie besagt dann, da die Zahlen von einer Helligkeitsstufe zur nächsten nie auf das Vierfache, sondern im Anfang auf das Zweifache und am Schluß kaum noch auf das Eineinhalbfache ansteigen, daß die Sterndichte in diesen beiden Richtungen (oben und unten, nördlich und südlich von der Milchstraßenebene) schnell abnimmt. In einer Entfernung von 3000 Lichtjahren finden wir in dem gleichen Raumstück, das in unserer Nachbarschaft zwanzig Sterne beherbergt, nur noch einen, und weiter draußen erst in viel größeren Räumen einen. Das ist so, als wenn ein Wald nicht plötzlich aufhört, sondern allmählich lichter wird, bis man schließlich eher von einzelnen Bäumen im freien Felde als von einem Walde reden kann. Irgendwo bei diesem Übergang ist der Wald „zu Ende", und in diesem Sinne sprechen wir von einer Grenze unseres Sternsystems in etwa 3000 Lichtjahren Entfernung auf beiden Seiten der Milchstraße. In der Ebene der Milchstraße liegt diese Grenze sehr viel weiter entfernt. 12000 Lichtjahre würden wir errechnen, wenn wir die Spalte 1 so deuten würden wie die Spalte II. Hier müssen wir ja aber an die Absorption denken, und dann finden wir überhaupt keine $5^0/_0$-Grenze. Die Dichte nimmt zwar auch zunächst ab, bleibt aber bei mindestens $25^0/_0$ der Dichte unserer Nachbarschaft bis zu Entfernungen von 30000 Lichtjahren, über die unsere Zählungen nicht hinausreichen. Das Sternsystem, dem wir angehören, nimmt also eine ganz flache Schicht des Weltraums ein und reicht in dieser Schicht weiter, als wir bisher übersehen können. Unsere Sonne steht mitten in dieser Schicht, nur wenig nördlich von der Mittelebene. Im übrigen brauchen wir aber nicht zu denken, daß wir der Mittelpunkt dieses Systems seien, weil die Sterndichte nach allen Seiten schnell abnimmt. Das besagt nur, daß unsere Sonne in einer Sternwolke von ein paar hundert Lichtjahren Durchmesser steht; in den anderen Sternwolken unseres Systems, die uns als Milchstraßenwolken erscheinen, kann die Dichte ebenso groß und größer sein. Der Anblick der Milchstraße (Abb. 88) sagt uns auch sofort, daß die Struktur unseres Sternsystems nicht so einfach sein kann, daß man von einer gleichartigen Abnahme der Sterndichte in allen Richtungen sprechen könnte. Wir sehen ja Stern*wolken*, die sich mehr oder weniger gegeneinander abheben und ganz so aussehen, als ob sie auch im Raume als dichtere Wolken in einer dünneren „Luft" von Sternen schweben, wobei wir allerdings bedenken müssen, daß so mancher Zug in der wolkigen Struktur der Milchstraße eine Täuschung ist, hervorgerufen durch dunkle Wolken in unserer Nachbarschaft! Es hatte aber doch einen guten Sinn, zunächst einmal alles, was wir ringsherum zählen konnten, in einen Topf zu werfen: es ist uns auf diese Weise gelungen, ein einigermaßen sicheres Bild von der Ausdehnung unseres Systems zu bekommen.

Wir haben bisher in der Milchstraße noch keine äußere Grenze erreicht, aber wir glauben trotzdem nicht, daß sich unser Sternsystem als flache Scheibe bis in die Unendlichkeit erstreckt. Sobald es möglich wird, die Sternzählungen auf noch schwächere Sterne auszudehnen, werden wir irgendwo in Gegenden kommen, wo es anfängt, aufzuhören !

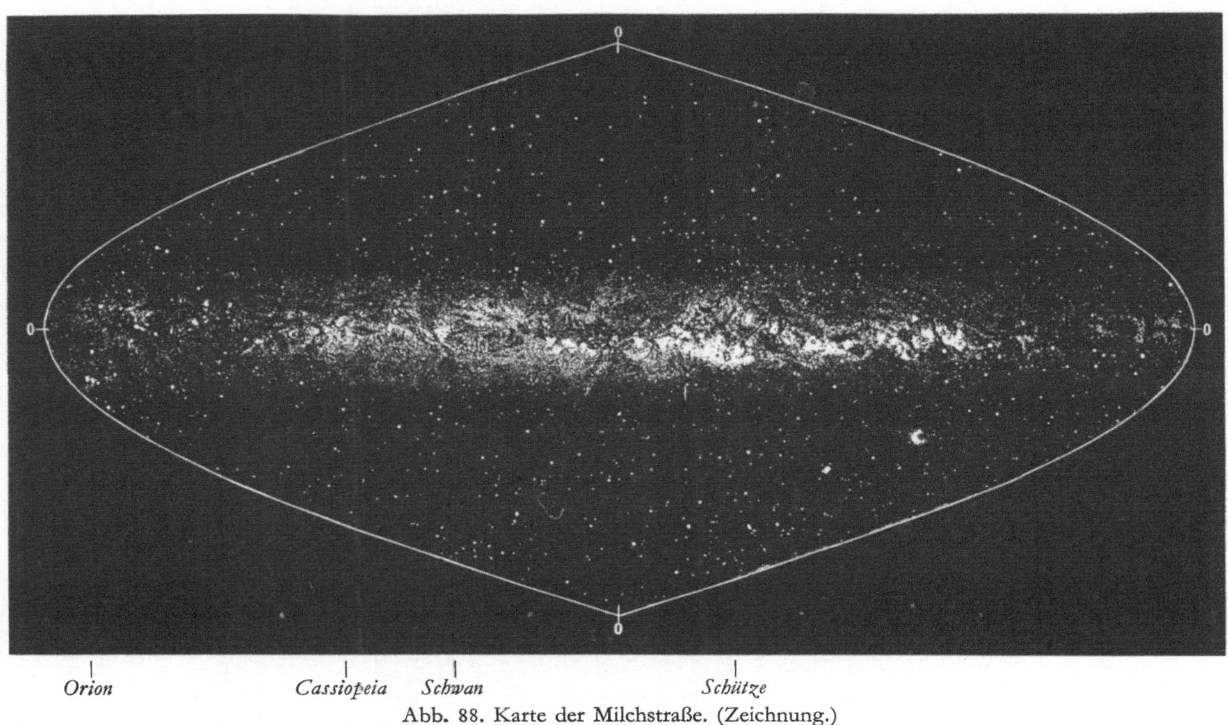

Abb. 88. Karte der Milchstraße. (Zeichnung.)

10*

Es gibt mancherlei Anzeichen dafür, daß wir uns nicht im Mittelpunkt des Sternsystems befinden, daß es aber doch vielleicht einen solchen Mittelpunkt gibt. Die Sternzählungen ergeben eine größere Dichte in der Richtung, in der wir auch die Milchstraße am prächtigsten leuchten sehen: in der Gegend des Sternbildes Sagittarius (Bogenschütze), die in der geographischen Breite Deutschlands leider nur in den Sommermonaten kurze Zeit über dem Horizont erscheint. In dieser Gegend stößt man auch bei der Durchsuchung nach veränderlichen Sternen auf ungewöhnlich viele kurzperiodische Veränderliche, von denen wir wissen, daß sie die absolute Helligkeit Null haben (S. 66). Sie haben hier die scheinbare Helligkeit 15—16, liegen also in einem Gebiet, das (mit Berücksichtigung der Absorption) etwa 20 000 bis 30 000 Lichtjahre von uns entfernt ist. Auch neue Sterne treten hier besonders häufig auf. Die besondere Bedeutung dieser Himmelsrichtung tritt uns auch entgegen, wenn wir uns die Verteilung der Kugelhaufen vergegenwärtigen. Sie liegen fast alle in der einen Hälfte des Himmels und sind in den Gebieten nördlich und südlich der Sagittariusgegend der Milchstraße am häufigsten (in der Milchstraße selbst werden sie ja durch die Absorption unsichtbar gemacht). Die Haufen mit den ganz großen Entfernungen liegen in dieser Richtung, und auch die Mitte des ganzen Systems der Kugelhaufen liegt dort in einer Entfernung von ebenfalls etwa 30 000 Lichtjahren (Abb. 89).

Alles dies weist darauf hin, daß wir wohl in der Gegend, wo die Milchstraße die Sternbilder Sagittarius, Ophiuchus, Skorpion berührt, nach einem sehr massigen, sternreichen Kern unseres Systems zu suchen haben. Die Sternwolken, die wir dort sehen, sind wahrscheinlich nur Teile davon, Randgebiete, während die eigentlichen Kerngebiete hinter den dunklen Wolken verborgen sind, die dort die Milchstraße in zwei Arme aufteilen. Für die Erforschung der zentralen Teile unseres Sternsystems sind diese dunklen Wolken ein sehr großes Hindernis; sie zwingen uns, uns an ihrem Rande entlang zu tasten, um in den Kern hinein und möglichst über ihn hinaus zu gelangen. Nur Sterne von ganz großer Leuchtkraft können uns bis in diese Entfernungen leiten, und die müssen wir einzeln aufspüren in der großen Masse der näheren lichtschwachen Sterne.

148

Das Sternsystem, das sich jetzt vor unseren Blicken aufbaut, ist sehr viel größer, als wir im Anfang unserer Bemühungen ahnen konnten. Wir sind von seiner Mitte rund 30000 Lichtjahre entfernt, vielleicht auch etwas weiter. Auf der anderen Seite des Himmels, wo wir am ehesten an den Rand des Systems kommen könnten, finden wir aber auch noch Sterne in Entfernungen von 30000 Lichtjahren. In einem Abstand von 60000 Lichtjahren von der Mitte gibt es demnach sicher noch Sterne, der Durchmesser des Systems beträgt also wahrscheinlich erheblich mehr als 100000 Lichtjahre! So groß ist ja auch mindestens der Bereich, über den die kugelförmigen Sternhaufen verteilt sind, die wir nach ihrer gleichförmigen Verteilung nördlich und südlich der Milch-

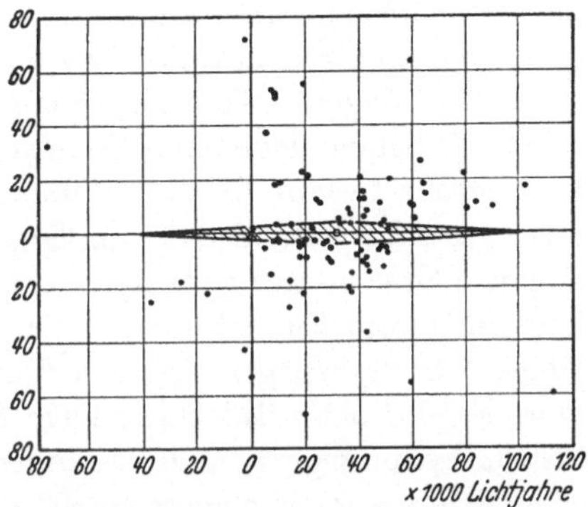

Abb. 89. Das Milchstraßensystem (schematisch) mit den Kugelhaufen. (Das × bezeichnet die Lage der Sonne.)

straße als Mitglieder des Milchstraßensystems ansehen müssen, obwohl die meisten von ihnen weit außerhalb des von Sternen erfüllten Gebietes liegen. *Ganz leer* scheint es auch sonst in diesen abgelegenen Gebieten nicht zu sein, man findet dort auch vereinzelt kurzperiodische Veränderliche. *Sehr lehr* ist es aber bestimmt dort; die ein paar tausend Lichtjahre dicke, in der Umgebung des Kerns vielleicht etwas dickere Schicht der Milchstraßenwolken umschließt fast alles, was zu diesem System gehört: Milliarden von Sternen verschiedenster Größe, Masse, Leuchtkraft, Hunderte von Sternhaufen, Staub- und Gaswolken.

Die Bewegungen im Sternsystem: regellos oder geordnet?

Wir wissen bereits, daß dies Sternsystem kein starres, totes Gebäude ist. Eigenbewegungen und Radialgeschwindigkeiten haben uns darüber belehrt, daß sich die Sterne allesamt bewegen: mit ähnlichen Geschwindigkeiten wie unsere Sonne (S. 118), und, wie es uns schien, ziemlich regellos durcheinander. Wir sagen:

ziemlich regellos, auch wenn wir noch gar keine Regelmäßigkeiten
entdeckt haben, weil wir uns nicht recht vorstellen können, wie
bei einem ganz ungeordneten Durcheinander von Bewegungen
ein immerhin nicht ganz ungeordnetes System erhalten bleiben
soll. Wir müssen aber daran denken, daß auch die Moleküle eines
Gases in ganz ungeordneter Bewegung sind (S. 96), und daß trotzdem Gaskugeln als anscheinend sehr beständige Gebilde im Weltraum umherschweben. Genau so könnten wir uns das ganze Sternsystem bei ungeordneter Bewegung durch die Schwerkraft zusammengehalten denken. Selbst für die einzelnen Sterne wäre
keine große Gefahr damit verbunden, da im Weltraum so viel
Platz vorhanden ist, daß — im Gegensatz zu den Verhältnissen
in einem Gase — nur ganz selten einmal ein Zusammenstoß vorkommt. Unsere Sonne kann nach den Regeln, die für solche, „zu-
fälligen“ Ereignisse gelten, etliche Billionen Jahre durch den Weltraum segeln, ohne daß eine andere Sonne in den Bereich ihres
Planetensystems gerät, und Trillionen von Jahren, ohne daß sie
einen richtigen Zusammenstoß erfährt. Wie beim Glücksspiel und
überall sonst, wo der Zufall herrscht, ist damit allerdings für das
Einzelschicksal nicht viel gesagt: unsere Sonne kann noch viel
länger unbehelligt bleiben, das seltene Ereignis kann aber auch
schon — theoretisch — übermorgen eintreten. Recht genau ist
aber damit festgelegt, wie selten sogar in der Milliardenmenge der
Sterne unseres Systems solche Katastrophen vorkommen, und wie
wenig sie für den Bestand des ganzen Systems zu bedeuten haben.

Wir können uns aber trotzdem mit der Vorstellung ganz un-
geregelter Bewegung der Sterne nicht abfinden. Unser Sternsystem
macht ja ganz und gar nicht den Eindruck einer „Gaskugel“; es
ist überhaupt keine Kugel, sondern eine ganz flache Scheibe. Wir
erinnern uns, daß unsere Erde keine vollkommene Kugel, sondern
an den Polen etwas abgeplattet ist; der Durchmesser von Pol zu
Pol ist nur 12 714 km lang, während die Äquatordurchmesser
12 756 km lang sind. Da der Poldurchmesser die Achse ist, um
die sich die Erde dreht, sind wir gewiß, daß die Drehung der Erde
die Ursache ihrer Abplattung ist. Die beiden großen Planeten
Jupiter und Saturn, die sich schneller drehen als die Erde, zeigen
eine größere Abplattung. Saturn zeigt uns noch etwas, was für
uns aufschlußreich ist: seine Ringe sind ganz flache, in einer

Ebene liegende Gebilde, und sie bestehen aus lauter kleinen Körpern, die um den Saturn laufen wie Monde oder wie die Planeten um die Sonne. Und auch die Planeten, die großen sowohl wie die vielen kleinen, bilden eine flache Scheibe, die die Sonne als Zentralkörper umgibt. Überall also, wo wir solche „Abplattungen" antreffen, sind Dreh- oder Umlaufbewegungen vorhanden, die sie hervorrufen oder durch ihre Mitwirkung im Entstehungs- und Entwicklungsgang hervorgerufen haben.

Wir haben also sicherlich ausreichende Gründe, auch in unserem großen Sternsystem nach Umlaufbewegungen zu suchen. Wie jemals Bewegungen in einem solchen System zustande kommen konnten, die schließlich zu einer allgemeinen Drehung um eine Achse geführt haben, ist rätselhaft. Wieviel von dieser Entwicklung vor oder nach der Bildung von Sternkugeln aus ursprünglich wohl unregelmäßig zerstreuter Materie liegt, ist uns vorläufig ganz unbekannt. Heute können aber sicher nur Umlaufbewegungen um den Kern des Systems vorhanden sein, die fast genau innerhalb einer Ebene, nämlich der durch die Milchstraße gekennzeichneten, vor sich gehen; sonst würde ja das System sehr bald nach oben und unten auseinanderlaufen, es könnte also auch heute nicht seine flache Gestalt haben.

Wir vermuten eine Drehung des ganzen Systems

Sollte es nicht möglich sein, eine solche „Rotation der Milchstraße" festzustellen? Wo der Mittelpunkt des Systems sitzt, um den die Drehung erfolgt, wissen wir ziemlich gut: es muß wohl der dichte Kern sein, den wir in der Gegend der Sagittariuswolke in etwa 30000 Lichtjahren Entfernung vermuten. Wir können uns auch Kenntnis von der Geschwindigkeit verschaffen, mit der wir unsere Bahn durchlaufen. Die kugelförmigen Sternhaufen verhelfen uns dazu. Sie drängen sich, wie die Abb. 89 zeigt, bei weitem nicht so sehr in die Milchstraßenebene wie das Heer der Sterne, und wir können das wohl als ein Anzeichen dafür betrachten, daß sie auch nicht in vollem Maße an der allgemeinen Rotation des Systems teilnehmen. Aus ihren Radialgeschwindigkeiten, die ja angeben, wie sich unsere Sonne gegenüber jedem einzelnen Haufen bewegt, können wir den Anteil herausschälen, der von der Bewegung der Sonne herrührt, ebenso wie wir früher

die Bewegung der Sonne in bezug auf die umgebenden Sterne
bestimmt haben. Wir erhalten hier eine Geschwindigkeit von etwa
200 km in der Sekunde in einer Richtung die wirklich senkrecht
ist zur Richtung nach dem mutmaßlichen Mittelpunkt des Systems.
Freilich sind die aus der Beobachtung von 50 Kugelhaufen be-
rechneten 200 km/Sekunde nur noch bedingt von Interesse; denn
aus den Beobachtungen von Sterngeschwindigkeiten und neuerdings aus Radialgeschwindigkeiten von Spiralnebeln folgt eine
höhere Sonnengeschwindigkeit von bei-
nahe 300 km/Sekunde um den Mittelpunkt des Milchstraßensystems. Mit
dieser Geschwindigkeit und ungefähr in
der gleichen Richtung ziehen auch fast
alle benachbarten Sterne dahin; denn
ihre Bewegungen gegen die Sonne sind
ja nur klein im Vergleich mit der großen
Umlaufbewegung, an der sie alle be-
teiligt sind.

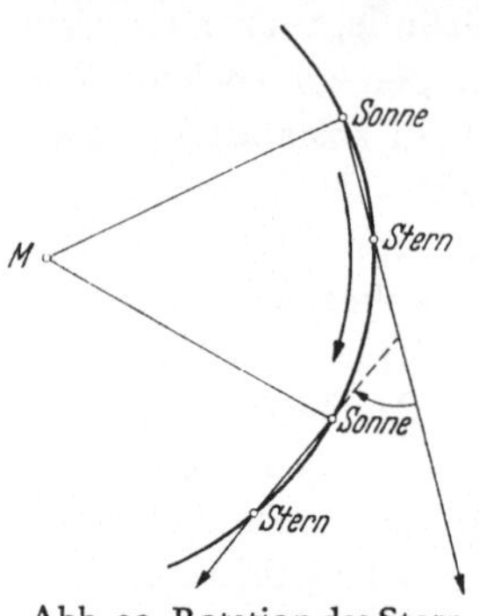

Abb. 90. Rotation des Sternsystems: Sonne und Stern in
derselben Bahn.

Wie ist es nun, wenn wir den Sternen
nachsehen, die in derselben Bahn vor
uns herlaufen und wohl am wahrschein-
lichsten dieselbe Geschwindigkeit ha-
ben? Die Abb. 90 zeigt, wie der Sehstrahl herumschwenkt, während wir ein Stück unserer Bahn durchlaufen. Um den Winkel
zwischen den beiden Strahlen, der durch einen Pfeil gekennzeichnet ist, müssen sich alle Sterne, die wir in dieser Richtung
sehen, am Himmel verschieben; eine solche gemeinsame Eigenbewegung müssen wir also finden, wenn wir ihre Örter zu verschiedenen Zeiten messen. Wir wissen nun schon, daß das eine
heikle Aufgabe ist. Die Sterne laufen nicht so harmlos hintereinander her, wie es uns lieb wäre; sie gestatten sich eine erhebliche Bewegungsfreiheit, ähnlich wie die Mücken oder die Fische
eines Schwarms, der als Ganzes irgendwohin wandert. Und
obendrein ist der Winkel, den wir suchen, sehr klein trotz der
großen Geschwindigkeit, mit der wir uns durch unsere Bahn bewegen. Erst in 300000 Jahren schwenkt der Sehstrahl über eine
Vollmondbreite hinweg, und 200 Millionen Jahre brauchen wir
zur Vollendung eines Umlaufs. Was wir in einem Zeitraum von

100 Jahren zu erwarten haben, ist also nicht viel, und länger ist es
noch nicht her, daß wir Sternörter mit der hierfür nötigen Genauigkeit messen. Die Bearbeitung aller zuverlässigen Eigenbewegungen hat aber trotzdem die gesuchte Drehung zutage gefördert!

Schauen wir doch nun einmal nach den Sternen aus, die neben
uns herlaufen, innen oder außen. Es ist nicht wahrscheinlich, daß
sie das mit derselben Geschwindigkeit tun. Im Sonnensystem
laufen die Planeten um so schneller, je näher sie
der Sonne sind. Ein ähnliches Verhalten müssen
wir auch im Sternsystem erwarten. Während also
(Abb. 91) die Sonne von S_1 nach S_2 gelangt ist, hat
ein Stern St auf einer weiter innen liegenden Bahn
schon das größere Stück von St_1 nach St_2 zurückgelegt. Eine der Sonne gleiche Bewegung von St_1
nach St' könnten wir gar nicht feststellen, weil
sich dabei die Lage des Sterns in bezug auf die
Sonne nicht ändert. Was uns auffällt und gemessen
werden kann, ist nur der überschüssige Teil von
St' bis St_2, die relative Bewegung gegenüber der
Sonne. Von der Sonne (S_2) aus gesehen, ändert
der Stern seinen Ort am Himmel so, als wenn er
von St' nach St'' gewandert wäre, und das stellen
wir als Eigenbewegung fest. Gleichzeitig ändert

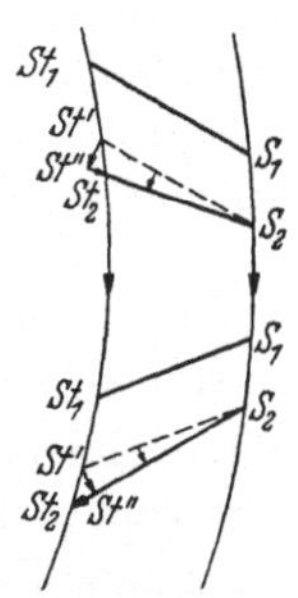

Abb. 91.
Rotation des
Sternsystems:
Sonne und
Stern in
verschiedenen
Bahnen

sich aber auch seine Entfernung von der Sonne so, als wäre er
von St'' nach St_2 gelaufen. Diese Änderung der Entfernung
geht natürlich fortlaufend vor sich und wird von uns durch
spektroskopische Beobachtung als Radialgeschwindigkeit gemessen. Es müßte also möglich sein, durch eine hierauf gerichtete Bearbeitung der Radialgeschwindigkeiten das Gesetz aufzudecken, nach dem die Umlaufsgeschwindigkeit mit der Entfernung vom Zentrum zusammenhängt, und damit Aufschluß
darüber zu erhalten, ob die Massen in unserem Sternsystem ziemlich gleichmäßig verteilt sind oder sich stark um den Mittelpunkt
drängen. Zu sicheren Schlüssen solcher Art könnte unser Vorrat
an Radialgeschwindigkeiten ruhig noch größer sein. Um weit in
den Raum, d. h. zu deutlich merkbaren Effekten zu kommen, benutzt man Riesensterne, wie z. B. Blinksterne mit großen Perioden.
Für diese weiß man dann auch gleich ihre absolute Helligkeit.

Die endgültige Ableitung der Zahlen für die Rotation im Milchstraßensystem hängt wieder von der störenden Absorption ab. Mit den eben erwähnten Methoden ist man aber zu sicheren Werten für die Umlaufsgeschwindigkeit der Sonne mit ihrer Umgebung und für die Lage des Milchstraßenkerns nach Richtung und Entfernung gekommen. Aus der Richtung erhalten wir die gleiche Stelle am Himmel, in der wir schon aus anderen Gründen den Kern der Milchstraße vermutet haben (S. 148), nämlich die Sternwolke im Schützen. Eine weitere Stütze für die Rotation unseres Milchstraßensystems finden wir darin, daß auch die ruhenden Kalziumlinien eine Rotation anzeigen (S. 139).

Wir ahnen die Fülle des Geschehens in der Welt der Sterne

Wir dürfen nun nicht schon wieder glauben, daß wir mit unserem einfachen Schema das ausgedrückt haben, was wirklich vor sich geht. Was wir bisher gezeichnet haben, ist bestimmt nur eine ganz rohe Skizze. Es ist wohl richtig, daß die Sterne im allgemeinen innen mit größerer Geschwindigkeit umlaufen als außen. Es ist aber nicht richtig zu glauben, daß alle Sterne in unserem Abstand vom Mittelpunkt mit derselben Geschwindigkeit umlaufen. Verschiedene Sorten von Sternen haben verschiedene Geschwindigkeiten, auch in unserer nächsten Nachbarschaft. Es gibt Sterne, die an der Rotation fast ebensowenig teilnehmen wie die Kugelhaufen; der Abstand zwischen uns und ihnen vergrößert sich sehr rasch, und wir messen Radialgeschwindigkeiten von mehr als 100 km in der Sekunde. So große Radialgeschwindigkeiten finden wir aber nur „hinter uns", nicht vor uns (die Schnellläufer sind in Wirklichkeit Langsamläufer). Es gibt also keine Sterne, die so viel *schneller* laufen als die Sonne. Es kann auch keine geben, da die Geschwindigkeit von 300 km in der Sekunde, mit der die Sonne umläuft, beinahe die größte in dieser Bahn mögliche Geschwindigkeit ist. Bei größerer Geschwindigkeit ist die Zentrifugalkraft größer als die nach innen ziehende Schwerkraft. So schnelle Sterne sind nicht zu halten, sie verlassen das Sternsystem für immer.

Aber auch das Sternenheer um uns herum, das im großen und ganzen mit derselben großen Geschwindigkeit wie die Sonne dahinzieht, marschiert nicht in Reih und Glied. Da gibt es Haufen von Sternen wie die Praesepe (Krippe) oder die Hyaden, die als abgeschlossene Gebilde mit einheitlicher Richtung und Geschwindigkeit scheinbar quer zur allgemeinen Zugrichtung wandern. In Wirklichkeit liegt ihre Bahn nur etwas schräg zur Bahn der Sonne, wie sich aus der Abb. 92 ergibt, in der der einfache Fall angenommen ist, daß Sonne und Sternhaufen an einem Fleck zusammengekommen und dann wieder auseinandergelaufen sind. Es gibt auch Wandergemeinschaften von Sternen, die wir nicht als Sternhaufen sehen, weil wir uns mitten zwischen ihnen befinden. Fünf helle Sterne des Großen Bären, Sirius, der zweithellste Stern im Fuhrmann, der hellste Stern der nördlichen Krone, Beta Eridani und viele schwächere Sterne in allen Teilen des Himmels bilden einen solchen Stern*strom*, dessen Mitglieder wir nur daran erkennen können, daß ihre Raumbewegungen parallel sind, und daß ihre Eigenbewegungen von allen den verschiedenen Himmelsgegenden her auf einen Punkt des Himmels zeigen (den Zielpunkt).

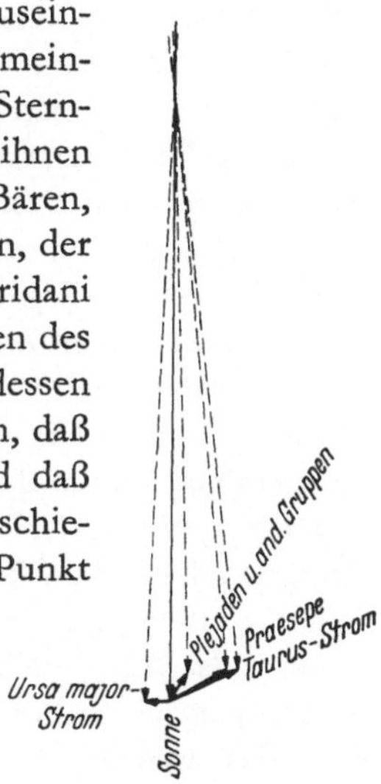

Aber auch die übrigen Sterne, die nicht einem Haufen oder Strom angehören, ziehen nicht in parallelen Bahnen neben-, über- und untereinander daher. Wäre das so, dann würden ja nahe benachbarte Sterne ihre Stellung gegen uns fast gar nicht verändern, wir würden also bei ihnen keine Radialgeschwindigkeit und keine Eigenbewegung finden. Wir hätten dann auch nie eine Bewegung der Sonne in bezug auf die Gesamtheit der sie umgebenden Sterne finden können. Was wir von unserem Standpunkt aus sehen, ist ein buntes Durcheinander von Bewegungen. Da aber alle diese beobachteten Bewegungen mit ihren 10, 20 oder 30 km in der Sekunde klein sind im Vergleich zu der 300 km-Geschwindigkeit der Rotationsbewegung, so bedeutet keine dieser Bewegungen etwas anderes als eine mehr oder weniger große Abweichung von der Richtung der Kreisbahn. Aber schon das besagt etwas sehr Wichtiges: Es bedeutet, daß Sterne, die jetzt beieinander sind,

Abb. 92.
Wirkliche und scheinbare Bewegung der Sonne und benachbarter Sterne und Sterngruppen.

langsam wieder auseinander laufen. Es bedeutet vielleicht auch, daß Zusammenballungen von Sternen keine Dauergebilde sind.

Diese Beobachtungen werden gestützt durch Beobachtungen an „Sternassoziationen". Das sind Gruppen von Sternen einheitlichen Charakters, die räumlich nicht eng begrenzt, sondern durchmischt mit den übrigen Sternen auftreten. Sind diese Sternassoziationen von begrenzten Sternhaufen durch Auseinanderlaufen der Mitglieder nach seiner „Entstehung" nachgeblieben? Beispielsweise findet man bei den helleren O- und B-Sternen, daß sie sich vielfach in losen Gesellschaften am Himmel sowohl nach ihrer Lage wie nach ihrer Entfernung anordnen. Nach den Messungen an einer Assoziation von 17 O- und B-Sternen im Perseus hat sich kürzlich aus ihren Eigenbewegungen ergeben, daß sie sich alle von einem gemeinsamen Zentrum zu entfernen scheinen. Dies müßten sie bei gleichbleibender Geschwindigkeit vor 1,3 Millionen Jahren verlassen haben. Hat sich damals tatsächlich diese Sterngruppe erst gebildet? Auch die Theorien des Sternaufbaus haben zu der Aussage geführt, daß diese Sterne nicht viel älter als einige Millionen Jahre sein können.

Wir dürfen nicht vergessen, aus Vorsicht in jeden unserer Schlüsse das Wort vielleicht hineinzusetzen. Jede Vorstellung, die wir uns gemacht haben oder machen können, bedeutet einen Versuch, das, was wir beobachten, als Teil eines großen, uns verborgenen Geschehens aufzufassen. Der Teil, den wir übersehen, ist aber räumlich so klein und zeitlich so kurz im Verhältnis zum Ganzen, daß nur das Vertrauen auf die Einheitlichkeit des physikalischen Geschehens in allen Teilen der Welt uns erlaubt, an die Möglichkeit einer Erkenntnis des Ganzen zu glauben.

II. Die große Welt

Während wir noch voll damit beschäftigt sind, den Bau unseres Sternsystems wenigstens in seinen Grundzügen zu erfassen und die uns erkennbaren Vorgänge in dieser Welt der Sterne zu deuten, drängt sich schon eine neue, sehr ernste Frage hervor: Ist das nun „die Welt"? Schon heute können wir sagen: Nein, auch das ist nur ein Teil, ein sehr kleiner Teil der Welt! Wir behaupten das nicht, weil uns unsere Milchstraßenwelt noch nicht großartig

genug erscheint, auch nicht aus dem ernsteren Grunde, weil eine
übersehbare Welt, die in ein Nichts eingebettet ist, unserem Vor-
stellungsvermögen ernstliche Schwierigkeiten bereitet, sondern
ganz einfach und nüchtern, weil wir Dinge am Himmel sehen, die

Abb. 93. Ein schöner Spiralnebel im Großen Bären.
(1-m-Spiegel der Hamburger Sternwarte.)

nicht der Welt, mit der wir uns bisher beschäftigt haben, angehören. Die Abb. 15, 93 zeigen einige dieser „außergalaktischen"
Gebilde (Galaxis = Milchstraße). Sie werden auch als Spiralnebel
bezeichnet. Von einem dickeren Kern gehen an zwei gegenüberliegenden Punkten Strahlen aus, die sich in spiraligen Windungen
um den Kern herumlegen. Nicht immer sind die Arme der Spirale
so deutlich zu erkennen, häufig sind sie unregelmäßiger und

verwaschener. So können aber überhaupt nur Spiralen aussehen, auf die wir von oben oder unten blicken. Viel häufiger sehen wir solche Gebilde schräg von der Seite (Abb. 94), und auf viele blicken wir in derselben Ebene, in der die Spiralarme sich um den Kern

Abb. 94. Eine anders gesehene Spirale im Großen Bären.
(1-m-Spiegel der Hamburger Sternwarte.)

winden (Abb. 95). Es sind aber nicht alle außergalaktischenNebel richtige Spiralen. Es gibt auch unter den größeren und näheren Nebeln solche, die selbst bei Anwendung der größten Mittel keine spiralige Struktur erkennen lassen (Abb. 96). Bei Berücksichtigung verschiedener Merkmale wie Größe, Gesamthelligkeit, Spektrum läßt sich eine Folge der außergalaktischen Nebel aufstellen, die von den strukturlosen kreisförmigen und elliptischen Nebeln über

158

die dichten zu den lockeren Spiralen führt und *vielleicht* eine fortlaufende Entwicklung darstellt. Nicht einzuordnen sind die ganz

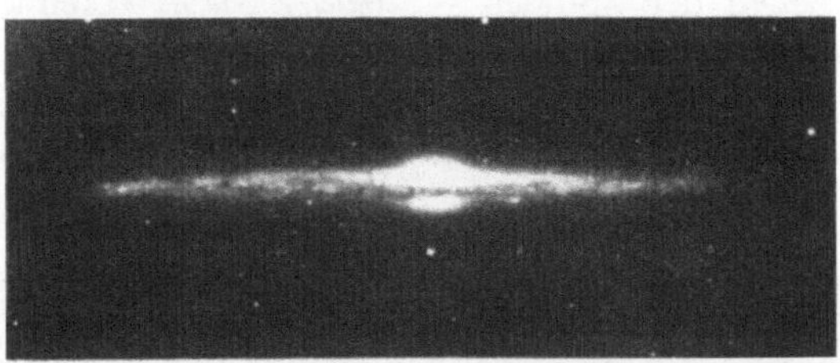

Abb. 95. Von der Seite gesehene Spirale im Sternbild Berenikes Haar.
($2^1/_2$-m-Spiegel der Mount-Wilson-Sternwarte.)

Abb. 96. Nicht auflösbarer Spiralnebel im Sternbild Sextant.
(Mount-Wilson-Aufnahme.)

unregelmäßigen Nebel (wenige Prozente der Gesamtzahl), zu denen auch die uns nahe benachbarten Magellanschen Wolken gehören (Abb. 45 auf S. 65).

Die Spiralnebel sind Sternsysteme

Die „Nebelflecke" sind schon vor 200 Jahren als ferne Sternsysteme angesehen worden, man hat ihnen aber auch noch vor 30 Jahren Entfernungen von ein paar tausend Lichtjahren zugeschrieben. Eine Entscheidung konnte auch erst fallen, als mit

Hilfe der großen amerikanischen Spiegelteleskope Aufnahmen der
großen Spiralen gelangen, auf denen sich — wenigstens in den
äußeren Teilen der Spiralen — *einzelne Sterne* erkennen ließen
(Abb. 97). Damit war entschieden, daß die Spiralnebel keine Nebel
sind, sondern *Sternhaufen* oder *Sternsysteme*, wie man nach ihrem
kontinuierlichen, mit Absorptionslinien durchsetzten Spektrum
schon vorher vermutet hat.

Abb. 97. Ecke der großen Spirale im Sternbild Andromeda Abb. 100.
(2$^1/_2$-m-Spiegel der Mount-Wilson-Sternwarte.)

Hundert Millionen Milchstraßen?

Die Zahl der „auswärtigen" Sternsysteme ist ungeheuer groß.
Noch jedesmal, wenn ein neues, größeres Fernrohr in Betrieb ge-
nommen wurde, stieg die Anzahl der auf den Aufnahmen erscheinenden Nebel gewaltig an, so daß wir annehmen müssen, daß wir
auch in den fernsten bisher erreichten Gebieten noch nicht an
einer Grenze des von Sternsystemen erfüllten Weltalls angelangt
sind. Das bis 1948 lichtstärkste Fernrohr, der 2$^1/_2$-m-Spiegel des
Mount-Wilson-Observatoriums, macht, wie man nach dem Ertrag
der wirklich bearbeiteten Felder abschätzen kann, am ganzen
Himmel 100 Millionen Sternsysteme sichtbar (abseits von der
Milchstraße findet man unter den schwächsten Objekten mehr

Nebel als Sterne), und der 5-m-Spiegel wird uns vermutlich auch noch nicht an eine Grenze führen.

Im Anblick dieser „Welt von Welten" möchten wir zweierlei wissen: Wie groß ist sie? Sind die einzelnen Glieder dieser Welt Sternsysteme von der gleichen Art und von der gleichen Größe wie unser eigenes Sternsystem?

Wenn wir die Bilder der größeren Spiralen betrachten, können wir uns wohl vorstellen, daß sich von einem Stern in ihrem Innern aus ein Anblick bietet, der unserem Himmel sehr ähnlich ist: helle und schwache Sterne der näheren Umgebung und ringsherum ein leuchtender Ring nicht einzeln sichtbarer Sterne, in vielen Fällen zu Sternwolken zusammengeballt, wie wir sie in unserer Milchstraße sehen. Und auch die dunklen Staubmassen, die uns bei der Erforschung unseres Systems so viele Sorgen bereitet haben, fehlen nicht, wie die Bilder fast aller von der Seite gesehenen Spiralen erkennen lassen! (Abb. 95.) Ja, die Ähnlichkeit ist noch vollständiger: Selbst die kugelförmigen Zusammenballungen von einigen Zehntausenden oder Hunderttausenden von Sternen, die man als eine Merkwürdigkeit unseres Systems ansehen könnte, sind in vielen außergalaktischen Nebeln zu finden.

Die Entfernungen der Spiralnebel

Um entscheiden zu können, ob auch die Größe dieser Sternsysteme etwa die gleiche ist wie die des Milchstraßensystems, müssen wir ihre Entfernungen feststellen, denn nur dann können wir aus ihrer scheinbaren Ausdehnung am Himmel ihre wahre Größe berechnen. Daß das bei so fernen Dingen schwierig ist, ist uns schon früher bewußt geworden, z. B. bei den Kugelhaufen; hier werden die Hindernisse aber fast unübersteiglich. Die Messung irgendwelcher Parallaxen kommt für solche Entfernungen längst nicht mehr in Betracht, und es bleibt immer nur der eine Weg: Wir müssen *Sterne* auffinden, deren wirkliche Helligkeit wir kennen, und ihre scheinbare Helligkeit messen; der Unterschied beider gibt uns die Entfernung (S. 68), falls nicht das Licht auf dem langen Wege eine Schwächung erleidet und uns dadurch alles zu lichtschwach und damit zu fern erscheint. In einigen nahen Spiralen haben uns veränderliche Sterne vom Blinktypus (S. 65) zu einer recht guten Kenntnis ihrer Entfernung verholfen. Im großen Andromedanebel sind 40, im Triangulumnebel 35 solche Veränderliche erkannt worden; für diese beiden größten Spiralen ergibt sich hieraus fast übereinstimmend eine Entfernung von 700 000 Lichtjahren, sie liegen also weit abseits von unserem Sternsystem, dessen Durchmesser wir auf 100 000 Lichtjahre geschätzt haben[1].

Für die anderen Spiralen stehen uns leider die Blinksterne nicht zur Verfügung. In etwa einem Dutzend Spiralen sind aber neue Sterne festgestellt worden (Abb. 98), die noch etwas

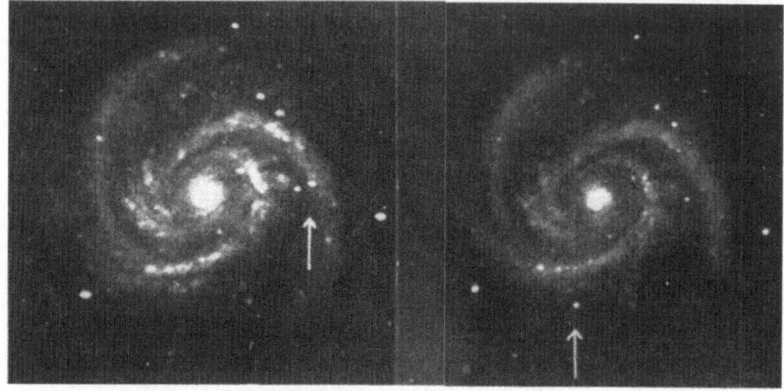

Abb. 98. Zwei Aufnahmen desselben Spiralnebels; auf jeder erscheint ein Stern der auf der anderen fehlt. (Aufnahmen der Lick-Sternwarte 1901 und 1914.)

heller werden als die Blinkveränderlichen, im Andromedanebel allein über 100 innerhalb von 50 Jahren (gegenüber etwa 90 bisher bekanntgewordenen in unserem System). Die Beobachtung der Helligkeit der neuen Sterne des Andromedanebels gibt uns im Zusammenhang mit der gut bekannten Entfernung einen recht sicheren Durchschnittswert für die Leuchtkraft, die von neuen Sternen in ihrem hellsten Glanze erreicht wird. Ihre scheinbare Helligkeit in anderen Spiralen gibt uns also eine Auskunft über deren Entfernung, leider aber nur eine sehr ungenaue, da in

---

[1] Erst bei Drucklegung dieses Buches scheint es deutlich zu werden, daß alle Abstände im außergalaktischen Raum zu verdoppeln sind gegenüber den bisherigen Ergebnissen. Wenn sich diese Erkenntnis bestätigen sollte, sind die Entfernungsangaben im Text und in der Tabelle auf S. 166 mit 2 malzunehmen. Ebenso würden die Entfernungsskalen der Abb. 104 bzw. 105 dann 20 bzw. 480 Millionen Lichtjahre umfassen.

anderen Spiralen bisher nur jeweils ein oder zwei neue Sterne gefunden worden sind und wir nicht von jeder Nova annehmen können, daß sie genau die durchschnittliche Leuchtkraft erreicht. Wir müssen deshalb als Brücke von den schon gesicherten zu den fernen Nebeln die Sterne wählen, die wir, wenn wir überhaupt einzelne Sterne erkennen können, immer zur Verfügung haben: die *hellsten* Sterne. Es gibt theoretische Gründe, die es wahrscheinlich machen, daß Sterne nicht beliebig hell werden können. Aber auch unsere Erfahrung zeigt uns sowohl im galaktischen wie in den nahen außergalaktischen Systemen, daß die drei oder vier hellsten Sterne jedes Systems (Sterne vom Typus O und B) im Durchschnitt immer die gleiche Helligkeit haben, die noch etwas höher liegt als die der neuen Sterne. Wir kommen daher bei allen auflösbaren Nebeln zu einem Wert für ihre Entfernung, wenn wir die Helligkeit ihrer hellsten Sterne messen. Das mit der nötigen Genauigkeit auszuführen, ist, da es sich doch bei den fernen Nebeln um ganz schwache, eben noch erkennbare Sterne handelt (20. und 21. Größenklasse), eine der schwierigsten Aufgaben der Beobachtungstechnik. Aber daneben müssen wir auch hier wieder bedenken, daß nicht in jedem einzelnen Sternsystem die von uns angenommene Maximalhelligkeit erreicht zu sein braucht, die ja als Durchschnittswert für eine größere Zahl von Nebeln bestimmt ist und daher auch nur für eine Zusammenfassung von mehreren Systemen volle Gültigkeit hat. Glücklicherweise kommt uns in diesem Falle die Natur entgegen. Es gibt *Nebelhaufen*, Gruppen von 3 oder 10 oder 20 Nebeln, aber auch wirkliche Haufen mit ein paar hundert oder gar ein paar tausend Nebeln (Abb. 99). In einem solchen Haufen, dem offenbar nächsten, der im Sternbild Virgo (Jungfrau) liegt, konnte eine ganze Menge Spiralen aufgelöst werden. Mit Hilfe ihrer hellsten Sterne ergibt sich für den Haufen eine ziemlich sichere Entfernung von sieben Millionen Lichtjahren. Alle anderen Nebelhaufen, von denen bis jetzt etwa 20 bekannt sind, sind zu weit von uns entfernt, als daß wir Sterne in ihnen erkennen könnten. Nur in dem ganz seltenen Falle einer *Supernova*, die noch etwa 8 Größenklassen heller wird als die sonst hellsten Sterne (also vorübergehend ebensoviel Licht ausstrahlt wie das ganze Sternsystem, dem sie angehört), könnte uns das gelingen. Wir haben aber im Bereiche der Nebelhaufen durch die große Zahl der in ihnen vereinigten Mitglieder noch eine weitere statistische Möglichkeit. Wir können die Helligkeit der Nebel selbst bestimmen, sowohl ihre durchschnittliche Helligkeit wie auch die Verteilung der einzelnen Helligkeiten um diesen Mittelwert herum. Wenn wir in den verschiedenen Haufen die gleiche Verteilung antreffen, ist es sehr wahrscheinlich, daß die durch-

Abb. 99. Ein Himmelsfeld, in dem man eine große Zahl von spiraligen und runden Nebeln findet. (1-m-Spiegel der Hamburger Sternwarte.)

schnittlichen Helligkeiten zu derselben Leuchtkraft gehören und uns deshalb die relativen Entfernungen angeben. Durch eine sonstwie bestimmte Haufenentfernung — und die liefert uns der Virgo-Haufen — werden uns so die Entfernungen der Nebelhaufen, die die fernsten uns erkennbaren Gebilde sind, bekannt.

Wir sehen: Es ist ein mühsames Tasten, das hier an die Stelle glatter Messung und Rechnung treten muß. Welcher Weg in jedem Falle zu wählen ist, entscheidet nur noch das „Fingerspitzengefühl" des Forschers, der mit allem, was die Beobachtung liefert, aufs engste vertraut ist.

Was wir aus den Entfernungen, die sich so bestimmen lassen, erkennen können, ist dies: Wir gehören zu einer Gruppe von Sternsystemen, die verhältnismäßig nahe beieinander liegen. Mit Sicherheit sind bisher 15 Systeme als zugehörig erkannt: unser eigenes System mit der großen und der kleinen Magellanschen Wolke in 80 000

Abb. 100. Himmelsfeld mit dem großen Andromeda-Nebel und seinen beiden Begleitern (dicht unter und rechts oberhalb vom Kern). (36-cm-Schmidt-Spiegel der Hamburger Sternwarte.)

Lichtjahren Entfernung, also nicht weiter von uns entfernt als die ferneren der Kugelhaufen unseres Systems, der große Andromedanebel (Messier 31) mit seinen beiden kleineren elliptischen Begleitern (Messier 32 und NGC 205) in 750 000 Lichtjahren Entfernung (Abb. 100), der weit aufgelöste Spiralnebel im Triangulum (Messier 33), der von uns ebenso weit, vom Andromedanebel aber weniger als 200 000 Lichtjahre entfernt ist, und die übrigen Systeme der Tabelle.

In Entfernungen von 4 Millionen Lichtjahren stoßen wir auf
die ersten der „fremden" Nebel, die den ganzen für uns durch-
forschbaren Raum auszufüllen scheinen als Einzelnebel, Nebel-
gruppen und Nebelhaufen. Den schwächsten Nebeln, die sich auf
den Platten des Mount-Palomar-Spiegels erkennen lassen, müssen
wir eine Entfernung von ungefähr 1 Milliarde Lichtjahren zuschreiben. Seit die Lichtstrahlen, durch die uns die Sternsysteme
heute sichtbar werden, von ihnen weggingen, hat unsere Sonne
vermutlich schon fünfmal den Kern unseres Sternsystems um-
kreist (S. 152), aber unsere Erde ist auch damals schon ungefähr

Die lokale Gruppe der Sternsysteme

Name	Entfernung	Typus	abs. Größe
Milchstraße	—	Spiralnebel	—18,0
Messier 31	750000 Lichtj.	Spiralnebel	—18.0
Messier 33	780000	Spiralnebel	—16.1
Große Mag. W.	80000	Unregelm.	—16.4
Kleine Mag. W.	80000	Unregelm.	—14.4
NGC 205	750000	Elliptisch	—13.5
Messier 32	750000	Elliptisch	—13.3
NGC 6822	520000	Unregelm.	—12.4
NGC 185	650000	Elliptisch	—12.2
IC 1613	730000	Unregelm.	—12.0
NGC 147	650000	Elliptisch	—11.9
Fornax-System	460000	Elliptisch	—11.9
Sculptor-System	230000	Elliptisch	—10.6
Namenlos 1	650000	Elliptisch	—
Namenlos 2	650000	Elliptisch	—

so wie heute vorhanden gewesen (S. 110). Die Verteilung der
Nebel erscheint auf den ersten Blick sehr ungleichmäßig, sie
fehlen z. B. ganz in der Zone der Milchstraße. Wir wissen jedoch
von der Betrachtung der Kugelhaufen her, daß das eine Folge der
Lichtabsorption in den dunklen Staubmassen unseres Systems ist
(S. 143). Wenn man alles, was darüber bekannt ist, berücksichtigt,
ergibt sich, daß — im großen gesehen — der Weltraum gleichmäßig von Sternsystemen erfüllt ist.

Sind das nun alles Sternsysteme von derselben Art und Größe
wie das unserige? Wir haben gesehen, daß es verschiedene Arten,
vielleicht verschiedene Entwicklungsstufen von Sternsystemen
gibt. Die Nebel scheinen um so mehr an Ausdehnung zu gewinnen, je mehr sie sich von der elliptischen Form her nach dem

Zustand der aufgelockerten Spiralen hin entwickeln. Unser Milchstraßensystem müssen wir augenscheinlich mit den mittleren oder aufgelösteren Spiralen vergleichen. Daß wir dort alles finden, was uns von unserem System her vertraut ist, haben wir schon festgestellt: Sterne aller Sorten, offene und kugelförmige Sternhaufen, Gasnebel, Staubwolken. Wenn wir allerdings aus der scheinbaren Ausdehnung mit Hilfe der Entfernung die wahre Ausdehnung berechnen, kommen wir in keinem Falle auf einen Durchmesser von 100000 oder noch mehr Lichtjahren, wie wir ihn für unser System gefunden haben. Die meisten ergeben sich kleiner als 10000 Lichtjahre, und selbst bei dem anscheinend besonders großen Andromedanebel ergeben die auf den Platten sichtbaren Umrisse nur 40000 Lichtjahre. Wir müssen dabei aber bedenken, daß unsere Schätzung sich in beiden Fällen auf verschiedene Merkmale bezieht. Der größte Wert für den Durchmesser unseres Systems, nahezu 200000 Lichtjahre, bezeichnet den Bereich, in dem Kugelhaufen vorhanden sind. Bei den auswärtigen Systemen messen wir aber als äußere Begrenzung jene Gebiete, in denen die Sternfülle noch groß genug ist, um auf den Platten sichtbar zu werden, und welchen Teilen unseres Systems das entspricht, können wir nicht sagen. Im Andromedanebel jedoch können wir noch weit außerhalb der sichtbaren Spirale Kugelhaufen feststellen, und durch verfeinerte photometrische Messungen ist nachträglich eine fast doppelt so große Ausdehnung der Nebelfläche wie früher gefunden worden. Das Milchstraßensystem und der Andromedanebel sind also Sternsysteme von ähnlicher Größe, sie scheinen jedoch zu den größten vorkommenden Systemen zu gehören.

Zwei Arten von „Bevölkerungen" in Sternsystemen

Wir haben oben (S. 143) gesehen, daß die Farbenhelligkeitsdiagramme der offenen Sternhaufen und die der kugelförmigen Sternhaufen charakteristische Unterschiede aufweisen. Die Sterne unserer Umgebung haben dieselben Diagramme wie die offenen Haufen. Wie weit sich die Unterschiede gegenüber den Kugelhaufen auch zu den schwächeren Sternen erstrecken, weiß man nicht; denn bei den Kugelhaufen können wir die schwächeren Sterne nicht mehr einzeln und auf Helligkeit und Farbe untersuchen. Auf Grund von Beobachtungen am Kern des Andromedanebels, der erstmalig 1944 in Einzelsterne aufgelöst werden konnte, ist man zu der Vermutung gekommen, daß auch die Kerne von Spiralnebeln dieselben Farbenhelligkeitsdiagramme wie die Kugelhaufen haben. Diese Vermutung wird gestützt durch das Auftreten von zahlreichen Blinksternen kurzer Periode (unter einem Tag, die man auch kurz „Haufenveränderliche" nennt) sowohl in Kugelhaufen wie in der Sagittariuswolke, in der wir das Zentrum der Milchstraße suchen.

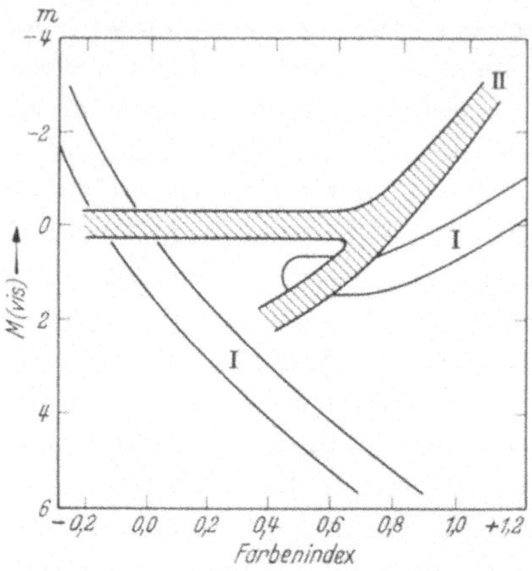

Abb. 101. Schematische Farbenhelligkeitsdiagramme der Populationen I und II

Diese zwei Arten von Farbenhelligkeitsdiagrammen haben Anlaß zu der Unterscheidung von zwei „Populationen" unter den Sternen gegeben. Nach der Population I sind aufgebaut: Unsere Umgebung, die offenen Sternhaufen, die Arme von Spiralnebeln. Die Population I zeichnet sich aus durch das Auftreten von O-und B-Sternen, langperiodischen Blinksternen, durch interstellare Materie, z. B. Wasserstoffgas. Da die interstellare Materie vielfach in Wolken auftritt, heißt diese Population auch die „Wolkenpopulation". Die Population II oder „Kernpopulation" ist frei von interstellarer Materie, enthält rote Riesensterne und kurzperiodische Blinksterne.

Diese Unterscheidung ist noch recht schematisch. In der Wirklichkeit treten diese Populationen kaum rein auf, und einem einzelnen Stern soll man auch nicht seine Zugehörigkeit zu der einen oder der anderen Population zuschreiben. Charakteristisch bleibt immer der ganze Aufbau nach Sterntypen. Sind die auf Seite 154 erwähnten Schnelläufer mit ihren langgestreckten Bahnen um das Milchstraßenzentrum, die vielleicht zum Teil sogar im Kern liegen, Boten von der dort vorkommenden Population? Hier sind die Forschungen noch im Fluß.

168

Der spiralige Bau der Sternsysteme

Wir haben bisher noch gar keine Zeit gefunden, uns über die spiralige Form an sich zu wundern, obwohl zweifellos Anlaß genug dazu vorliegt. Warum haben die Sternsysteme, wenigstens in den späteren Zeiten ihrer Entwicklung (vorausgesetzt, daß wir die Folge der Formen als Entwicklungsfolge ansehen dürfen!), einen spiraligen Bau? Daß das in den Bewegungsverhältnissen in den verschiedenen Zeiträumen der Entwicklung begründet ist, scheint uns sicher, und es sind mancherlei Vorstellungen über die möglichen Vorgänge entwickelt worden. Daß aus einer rotierenden Gasmasse beim Überschreiten einer gewissen Rotationsgeschwindigkeit an zwei entgegengesetzt liegenden Punkten ihres Äquators Materie ausströmt, erscheint auch theoretisch möglich (die Bildung des Planetensystems aus der Sonne kann ein solcher Vorgang in kleinerem Maßstabe gewesen sein), über die weitere Verteilung und Bewegung der Materie sind aber bis jetzt noch sehr verschiedenartige Ansichten möglich, weil es noch ganz an den zur Beurteilung dieser Fragen nötigen Beobachtungsgrundlagen fehlt. Eine Rotation ist sicher überall vorhanden. Wir haben sie im Milchstraßensystem festgestellt, und sie konnte auch in einigen Spiralen spektroskopisch nachgewiesen werden. Wenn man z. B. im Andromedanebel die Geschwindigkeit an verschiedenen Punkten des längsten Durchmessers mißt, findet man, daß sich die eine Hälfte auf uns zu bewegt, die andere von uns weg; die Geschwindigkeit der Rotation nimmt zunächst von innen nach außen zu, und erst weit außen, wo die Sterndichte stark abgenommen hat, ist eine Umkehr angedeutet. Diese Beobachtungen sind ein Mittel, um die Verteilung der Massen in einem Spiralnebel und um seine gesamte Masse (Sterne und interstellare Materie zusammen) abzuschätzen. Man kommt zu Werten zwischen etwa einer und etwa hundert Milliarden Sonnenmassen.

Um das Wesen der Spiralnebel verstehen zu können, muß man wissen, nach welcher Richtung die Spiralen sich drehen, ob wie bei den Feuerwerksrädern die Enden zurückbleiben, oder so, daß das offene Ende vorangeht (A und B in der Abb. 102). Nun gibt es Spiralnebel, die so geneigt sind, daß wir sowohl die Ratationsgeschwindigkeit und -richtung messen können, wie auch die Form der Spiralarme erkennen können. Es gibt aber dann immer noch zwei Möglichkeiten: Man kann nämlich nicht ohne weiteres sagen, welche der Hälften auf beiden Seiten des längsten Durchmessers die uns näher gelegene ist. Erst wenn man auch das weiß,

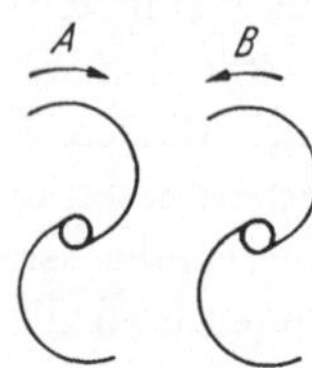

Abb. 102.
Zwei Möglichkeiten für den Drehsinn bei Spiralnebeln.

kann man den Drehrichtungssinn der Spiralen erkennen. Man sucht die Entscheidung zu fällen auf Grund des Einflusses der absorbierenden Wolken, die in den Spiralarmen vorhanden sind, und die sich teilweise auf den Kern projizieren. Wenn auch die meisten Astronomen zu der Annahme A gekommen sind (Rotation wie ein Feuerwerksrad), so ist hier eine Entscheidung, die von allen anerkannt wird, erst durch gründliche und feine photometrische Untersuchungen möglich. Nachdem man jetzt weiß, daß auch die Milchstraße ein Spiralnebel ist, in dem nach dem vorläufigen Augenschein die Rotation wie bei einem Feuerrad, also mit der gewölbten Seite voran, erfolgt, steht der Annahme A nach Abb. 102 für alle Spiralnebel nichts mehr im Wege.

Unsere Milchstraße ist ein Spiralnebel

Dies wurde schon oft ausgesprochen, auch schon plausibel gemacht. Zu schlüssigen Beweisen ist man aber erst durch die neuesten Forschungsergebnisse gekommen, einmal mit den Mitteln der Radioastronomie, einmal mit den klassischen Methoden der Astronomie.

Zur Verfolgung des ersten Weges ist man gekommen auf Grund einer Aussage der Theorie über das Verhalten von stark verdünntem Wasserstoff, der für die Spiralarme charakteristisch ist: Er muß nämlich eine Strahlung von 21 cm Wellenlänge aussenden, also in einem Wellenlängengebiet strahlen, in dem moderne Radargeräte arbeiten. Mit solchen Geräten ist es nun kürzlich tatsächlich gelungen, eine derartige Strahlung aus den Tiefen des Weltraums nachzuweisen. Sie wird so gut wie gar nicht von der interstellaren Materie aufgehalten (übrigens auch nicht durch Wolken in unserer Atmosphäre). Feinere Untersuchungen haben die Ableitung von Geschwindigkeiten und Entfernungen dieser Wasserstoffwolken erlaubt. In der Abb. 103 haben wir ein erstes Ergebnis dieser Untersuchungen vor uns. Man kann wohl heute

schon sagen, daß mit dieser Leistung der noch jungen Radio-
Astronomie eine epochemachende Entdeckung gelungen ist.

Mit klassischen Methoden hat man die Entfernung von Objekten in der Milchstraße festgestellt, die leuchtenden Wasserstoff
enthalten. Er zeigt sich im Spektrum durch eine helle rote Linie

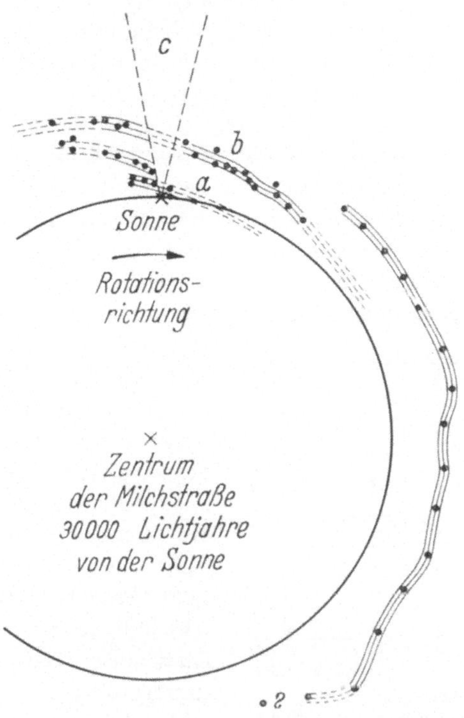

Abb. 103. Milchstraßen-Spiralarme nach radio-astronomischen Messungen in
Leiden. Die beiden mit *a* und *b* bezeichneten Stücke werden von den im Text
erwähnten Objekten nach klassischer Methode bestätigt.

(Abb. 58, S. 92: H_α) In der Abb. 103 ordnen sich solche Objekte
mit leuchtendem Wasserstoff in der Milchstraße bei a und b in
zwei Reihen an, die man wieder als Stücke von Spiralarmen deuten
kann. Die allgemeine Rotation um das Zentrum des Milchstraßensystems erfolgt im Uhrzeigersinn; aus der Neigung der Spiralarme kann man auf Rotation wie ein Feuerrad schließen.

Die Abbildung erfaßt die in Leiden nicht sichtbaren Teile der Milchstraße nicht mit. Es wird auf der Südhalbkugel der Erde an dem gleichen Problem gearbeitet, so daß wir in einigen Jahren trotz der sehr großen technischen Schwierigkeit dieser Untersuchungen wohl ein Gesamtbild der Spiralarme der Milchstraße haben werden. Allerdings kann man einige Bereiche der Wasserstoffwolken nicht mit erfassen (z. B. bei c in der Abb. 103), weil hier die Bewegung des Wasserstoffs in der gleichen Richtung erfolgt wie die der Sonne.

Ein merkwürdiger Zusammenhang

Noch ehe der Spektrograph die Bestimmung der Rotation, also von Verschiedenheiten der Bewegung, zuließ, war natürlich bei einer Reihe von Nebeln die Radialgeschwindigkeit des Kerns, also die Geschwindigkeit des ganzen Nebels, gemessen worden. Die Linienverschiebungen sind hier groß, fast immer viel größer als bei Sternen, aber die Verschwommenheit, Flächenhaftigkeit der Nebel bereitet bei den schwächeren Objekten große Schwierigkeiten, so daß es erst in allerletzter Zeit gelungen ist, die Messungen auf schwache Nebel auszudehnen und die Zahl der bekannten Radialgeschwindigkeiten von einigen Dutzenden auf ein paar Hundert zu vergrößern.

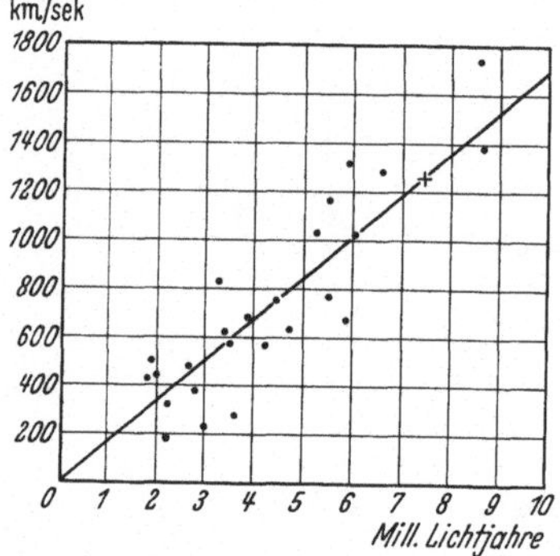

Abb. 104.
Der sonderbare Zusammenhang zwischen der Radialgeschwindigkeit und der Entfernung der Spiralnebel.

Der Andromedanebel nähert sich uns mit einer Geschwindigkeit von 220 km/Sek., der Triangulumnebel mit 320 km/Sek., ein kleinerer Nebel unserer Gruppe mit 150 km/Sek. Das sind aber auch fast die einzigen negativen Geschwindigkeiten die vorkommen, und auch sie sind fast ganz die Spiegelung unserer eigenen Bewegung, der Bewegung der Sonne um den Kern der Milchstraße. Alle anderen Nebelgeschwindigkeiten haben sich als positiv ergeben, schon bei den zuerst allein zugänglichen helleren Nebeln, und

172

sie ergeben sich immer größer, je schwächer und ferner die Nebel sind. In der Abb. 104 sind die Nebel, deren Entfernungen mit Hilfe von Sternen bestimmt sind und für die auch Radialgeschwindigkeiten gemessen sind, durch Punkte gekennzeichnet. Von dem Kreuzungspunkte der waagerechten und der senkrechten Nullinie aus liegen die Punkte um so weiter rechts, je entfernter die Nebel sind, und um so höher, je größer positiv die Radialgeschwindigkeiten sind, je schneller also die Nebel sich von uns entfernen (die Wirkung der Sonnenbewegung ist dabei schon abgezogen). Die Mitglieder unserer Gruppe, die dicht beim Nullpunkt liegen müßten, sind nicht eingetragen, der Virgo-Haufen wird durch das Kreuz vertreten. Es ist schon hier nicht zu verkennen, daß die Radialgeschwindigkeit mit zunehmender Entfernung ebenfalls immer größer wird; das Bestehen einer so merkwürdigen Beziehung wurde aber immer gewisser, in je größere Entfernungen die photometrische und spektrographische Arbeit vorgetrieben werden konnte. Besonders zuverlässige Angaben liefern die Nebelhaufen, da bei ihnen gleich mehrere (5—30) Geschwindigkeitswerte für dieselbe Entfernung zur Verfügung stehen. Die Abb. 105 enthält in kleinerem Maßstabe alle Beobachtungen bis 40000 km/Sekunde. Auch bei den neuesten Messungen an fernsten Nebeln mit noch ausreichenden Kernhelligkeiten haben sich bei Geschwindigkeiten bis über 60000 km/Sek. keine Abweichungen von der geraden Linie erkennen lassen.

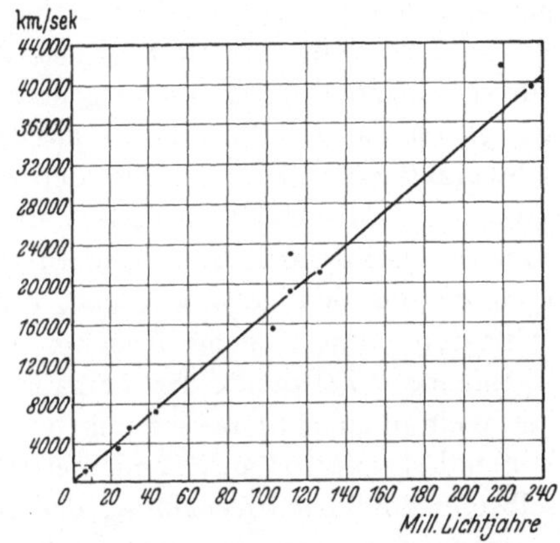

Abb. 105.
Eine gerade Linie von großer Bedeutung.

Das Rätsel Welt

Wir müssen nun versuchen zu begreifen, was dieser Zusammenhang bedeuten kann. Die Beobachtung, daß sich alle anderen

Sternsysteme *von uns* entfernen, erweckt zunächst etwas Mißtrauen, weil wir dadurch scheinbar wieder einmal in den Mittelpunkt der Welt versetzt werden. Man kann sich aber leicht klarmachen, daß in einer Welt, deren Teile mit nach außen wachsender Geschwindigkeit auseinanderstreben, von jedem beliebigen Punkt aus dieselbe Beobachtung zu machen ist; denn das ist so, wie wenn sich in der ganzen Welt der Maßstab der Entfernungen verändert. Denken wir uns einen Kinderluftballon als Modell: Hier aufgezeichnete Punkte sollen die Spiralnebel sein. Blasen wir nun den Ballon weiter auf, so entfernen sich die aufgezeichneten Punkte alle voneinander. Greifen wir irgend einen Punkt heraus, so sehen wir gleich, daß sich von diesem aus gesehen alle Punkte mit Geschwindigkeiten entfernen, die auch um so größer sind, je weiter sie von dem ausgewählten Punkt entfernt sind. Wir scheinen also auch in einer derartig auseinanderfliegenden Welt zu leben. Wir könnten uns den gegenwärtigen, beobachteten Zustand dieser Welt durch eine einfache Annahme erklären. Wenn nämlich zu irgendeinem Zeitpunkt der Vergangenheit die gesamte Materie der Welt an einer Stelle vereinigt war und durch eine von innen wirkende Explosion auseinandergetrieben wurde, dann ist es eine selbstverständliche Erscheinung, daß die Teile, die mit den größten Geschwindigkeiten ausgeschleudert wurden, heute die größten Entfernungen erreicht haben. Diese zunächst trivial anmutende Vorstellung hat bei genauerer Durchrechnung hoffnungsvolle Ansätze zum Verständnis der Vorgänge bei „Erschaffung der Welt" gegeben. Heute versucht man, diese „Urexplosion" auch für die beobachtete Häufigkeit der chemischen Elemente verantwortlich zu machen. Wenn wir annehmen, daß die Sternsysteme ihre Geschwindigkeiten von Anfang an beibehalten haben, können wir leicht ausrechnen, wie viel Jahre sie gebraucht haben, um auf ihre heutigen Plätze zu kommen. Man erhält so ein „Weltalter" von einigen Milliarden Jahren. Diese Zeit scheint gleichfalls eine Grenze für das Alter der Gesteine der Erde und der Meteore, die als Boten aus dem Weltall auf die Erde fallen, zu sein. Wir wollen uns aber hüten, allzu kühn aus dieser Übereinstimmung einen bündigen Schluß auf das wirkliche Alter der Welt zu ziehen.

Die Entdeckung der positiven Nebelgeschwindigkeiten hat zweifellos eine ganz außerordentliche Bedeutung für unsere

Anschauungen vom Wesen und Werden der Welt. Vor allen weiteren Entscheidungen ist es deshalb wichtig, noch einmal auf die Beobachtungen zurückzugehen und zu prüfen, ob sie wirklich eindeutig unabweislich die Ausdehnung der Welt der Sternsysteme nachweisen. Die Verschiebungen der Spektrallinien sind da. Sie sind so handgreiflich wie nirgends sonst bei spektrographischen Beobachtungen. Die Verschiebung der gesamten Strahlung nach den größeren Wellenlängen hin wird bei den ferneren Nebeln so groß, daß auch das ultraviolette Licht ins sichtbare Gebiet übertritt (Abb. 106). Es bleibt daher nur die Frage, ob die Rotverschiebung in diesem Falle eine Folge von Bewegungen ist. Es gibt auch andere Ursachen, die die Wellenlängen des Lichts beeinflussen, z. B. elektrische und magnetische Kräfte, Druck,

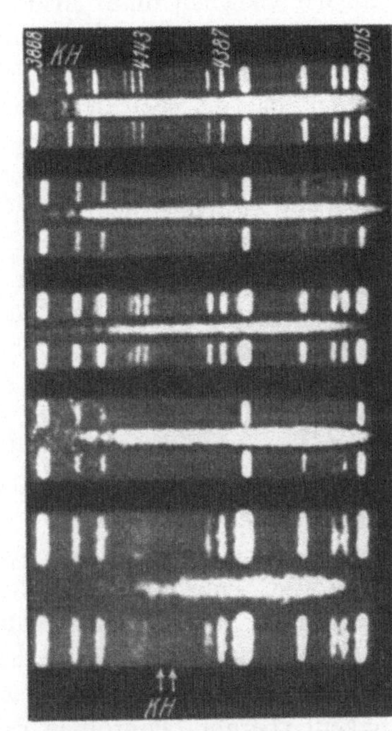

Abb. 106. Die mit der Entfernung zunehmende Verschiebung der Strahlung im Spektrum der Spiralnebel. Oberstes Spektrum: diffuses Sonnenlicht. Vergleichsspektren: Helium. KH.: die ultravioletten Kalziumlinien.
(Aufnahmen der Mount-Wilson-Sternwarte.)

Schwere, aber bei allen diesen Ursachen können wir uns keine Verhältnisse ausdenken, in denen sie so große Wirkungen ausüben könnten. Im Augenblick haben wir also nur die Wahl, hinter den Rotverschiebungen der Nebel eine uns vorläufig noch unbekannte Ursache zu vermuten oder an die großen Bewegungen zu glauben. Man sucht natürlich auch schon nach einer Möglichkeit, aus den Beobachtungen eine Entscheidung hierüber zu erlangen, doch

scheint hierzu eine erhebliche Erweiterung des beobachteten Welt-
bereiches nötig zu sein.

Bei den Versuchen, unsere Beobachtungen im Bereiche der
Sternsysteme zu deuten, dürfen wir auch nicht außer acht lassen,
daß wir vielleicht unser an den Erfahrungen der nächsten Um-
welt ausgebildetes Denken den Bedingungen dieser erweiterten
Welt anpassen müssen. Schon vorhin (S. 174) hätten wir bedenken
müssen, daß die Welt in keinem Augenblick so ist, wie sie aussieht, da wir ja z. B. den Andromedanebel in dem Lichte sehen,
das er vor 700000 Jahren aussandte, die fernsten Nebel jedoch
in einem Zustande, dem die Welt vor über 1 Milliarde Jahren
angehörte.

Bezeichnenderweise hat die Messung der Farbenindizes an
fernen Spiralnebeln meistens zu Werten geführt, die größer sind
als bei Nebeln aus der Umgebung der Milchstraße. Man kann
einen Teil dieser „Rötung" als durch die Verschiebung des Spektrums ins Rote hervorgerufen erklären. Als Erklärungsversuch
für den Überschuß an Rötung bietet sich die Hypothese an, daß
in der Zeit, als das Licht von den fernen Systemen ausging, ihre
Zusammensetzung anders war, daß es etwa damals mehr rote
Riesen gab in einem solchen System als heute.

Bei den beobachteten Geschwindigkeiten ist von besonderer
Bedeutung, daß sie immer näher an die Geschwindigkeit des
Lichts (300000 km/Sek.) heranrücken, auf dessen Ausbreitung
unsere ganze Erkenntnis von Räumen und Zeiten und Geschwindigkeiten beruht. Die größten bis jetzt gemessenen Nebelgeschwindigkeiten erreichen schon $^1/_5$ der Lichtgeschwindigkeit, bei den
fernsten uns sichtbaren Nebeln haben wir, wenn die Beziehung
zwischen Entfernung und Geschwindigkeit weiter erhalten bleibt,
$^1/_4$ oder $^1/_3$ der Lichtgeschwindigkeit zu erwarten. Die Überlegung,
daß wir Bewohner eines Sternsystems sein könnten, das mit der
vollen Lichtgeschwindigkeit durch die Welt schießt, und daß wir
dann eigentlich von allem, was hinter uns liegt, überhaupt keine
Kunde erhalten könnten, macht uns darauf aufmerksam, daß wir
uns der Grenze unserer Erfahrungsmöglichkeiten nähern und
unserem „gesunden Menschenverstand" und den bewährten physikalischen Schlußweisen nicht mehr blindlings vertrauen dürfen.
Die physikalische Forschung ist auf solche Erfahrungsgrenzen

auch gestoßen, als sie sich anschickte, in das Innere der Atome, die vordem die Grundbestandteile unserer physikalischen Welt waren, einzudringen. Hier, im Bereich des ganz Kleinen, spielt sich manches ab, was nicht in den Rahmen unserer Denkgewohnheiten paßt. Es ist also durchaus möglich, daß uns im Bereich des ganz Großen ähnliche Erfahrungen bevorstehen.

Es widerspricht der Grundhaltung der Naturforschung, sich mit Unbegreiflichem abzufinden. Sie wird zunächst immer und immer wieder ihre Beobachtungen überprüfen und, wenn diese keine Zweifel mehr zulassen, schließlich dazu schreiten, ihre Grundbegriffe und Grundsätze so abzuändern, daß das bisher als richtig Betrachtete auch weiterhin richtig bleibt, dazu aber das vorher Unbegreifliche verständlich wird und sich in den Rahmen unseres Weltbildes einfügt. Es sind schon mancherlei Versuche gemacht worden, auf diese Weise die Welt des ganz Kleinen mit der des ganz Großen in Verbindung zu setzen; auf welchem Wege wir schließlich zu einem Verständnis der — wie es uns heute scheint — sich auflösenden Welt kommen werden, müssen wir der Zukunft überlassen.

Nachwort

Wir können uns nicht rühmen, alle Rätsel des Himmels gelöst zu haben. Wir müssen uns sogar eingestehen, daß wir am Ende unserer Bemühungen größeren und tieferen Rätseln gegenüberstehen als im Anfang. Damit erleben wir das Schicksal aller Naturforschung, mit jeder tieferen Einsicht in das Naturgeschehen auf neue Rätsel zu stoßen, von jedem erklommenen Gipfel in neues, unbekanntes Land zu schauen.

Der Leser eines Berichts über die Ergebnisse naturwissenschaftlicher Forschung neigt dazu, mit Bewunderung und Genugtuung festzustellen, wie herrlich weit der Mensch es auch in dieser Hinsicht gebracht hat. Der Forscher ist bescheidener: Er bewundert die unausschöpfliche Fülle der Natur, die zu ahnen ihm vergönnt gewesen ist. Wir wollen ihm auch hierin folgen!

Sachverzeichnis